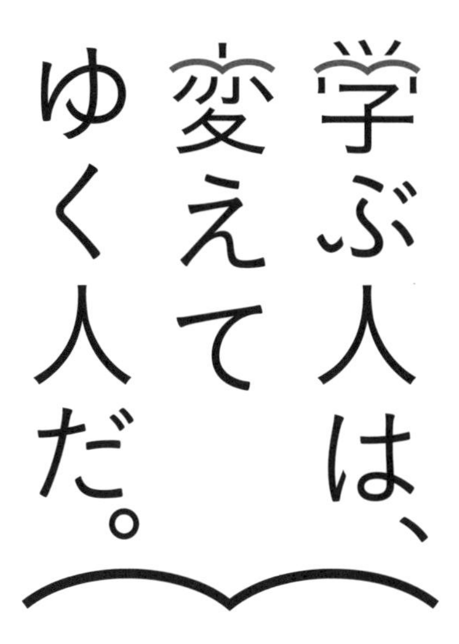

目の前にある問題はもちろん、

人生の問いや、

社会の課題を自ら見つけ、

挑み続けるために、人は学ぶ。

「学び」で、

少しずつ世界は変えて

いつでも、どこでも、誰でも、

学ぶことができる世の中へ。

旺文社

はじめに

「ここ，きらいだな…」「わからないからやりたくないなあ…」
みなさんには，そういった苦手分野はありませんか。

『高校入試 ニガテをなんとかする問題集シリーズ』は，高校入試に向けて苦手分野を克服する問題集です。このシリーズでは多くの受験生が苦手意識を持ちやすい分野をパターン化し，わかりやすい攻略法で構成しています。攻略法は理解しやすく，すぐに実践できるように工夫されていますので，問題を解きながら苦手を克服することができます。

高校入試において，できるだけ苦手分野をなくすことは，とても重要なことです。みなさんが入試に向けて本書を活用し，志望校に無事合格できることを心よりお祈りしています。

旺文社

目　次

数と式編

方程式編

関数編

平面図形編

空間図形編

データ・確率編

編集協力：貝沼大樹（有限会社 マイプラン）
装丁デザイン：小川純（オガワデザイン）
装丁イラスト：かりた
本文デザイン：浅海新菜　小田有希
本文イラスト：ヒグラシマリエ
校正：高瀬夕子　荻原幸恵

本書の特長と使い方

本書は，高校入試の苦手対策問題集です。受験生が苦手意識を持ちやすい内容と，それに対するわかりやすい攻略法や解き方が掲載されているので，無理なく苦手を克服することができます。

■ニガテマップ

数学のニガテパターンとその攻略法が簡潔にまとまっています。ニガテマップで自分のニガテをチェックしてみましょう。

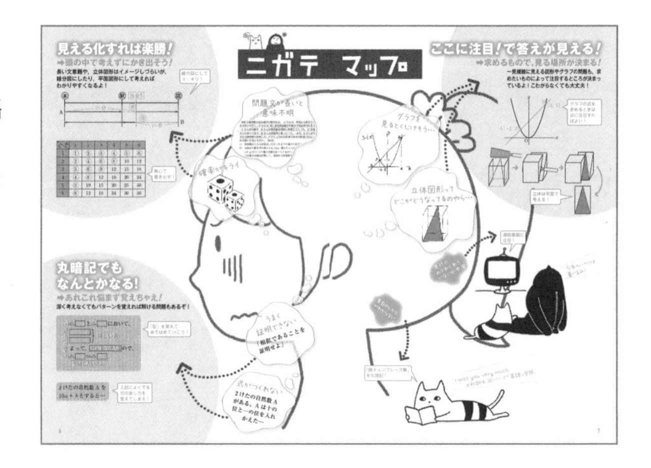

■解説のページ

例題とその解き方を掲載しています。

ニガテパターン
受験生が苦手意識を持ちやすい内容で単元が構成されています。

攻略法
ニガテパターンに対する攻略法です。苦手な人でも実践できるよう，わかりやすい攻略法を掲載しています。

こう考える
攻略法を使って，例題の解説をしています。

ココは覚える
解説の中で覚えておくべき内容をまとめています。

問題を解く上でのテクニックを掲載しています。

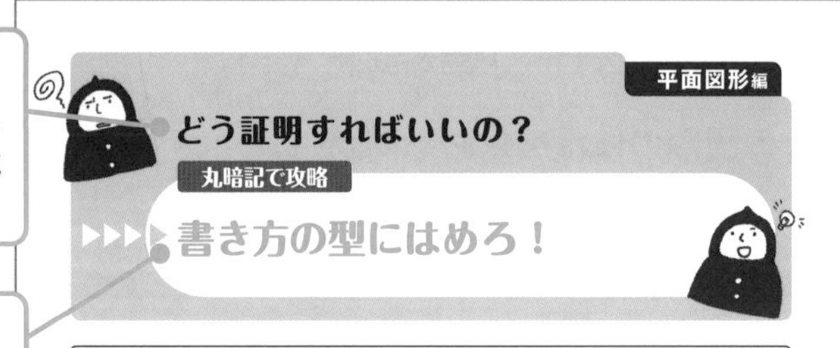

例題1 合同の証明の問題

平行四辺形ABCDについて，点BとDを結んで対角線を引いた。このとき，△ABD≡△CDBとなることを証明しなさい。〈山梨県〉

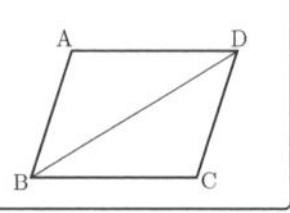

こう考える ① 合同条件を探す ② 証明の型にあてはめて文章にする

① 合同条件を探す
わかっていることをかき込む。

∠ADB＝∠CBD
∠ABD＝∠CDB
∠BAD＝∠DCB

どの合同条件が使えるか考える。

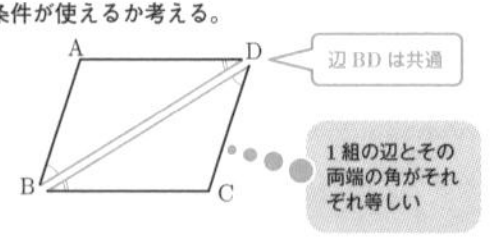

② 証明の型にあてはめて文章にする

（証明） △ABDと△CDBにおいて，
AD∥BCより，∠ADB＝∠CBD
AB∥DCより，∠ABD＝∠CDB
BD＝DB(共通)
よって，1組の辺とその両端の角がそれぞれ等しいので，
△ABD≡△CDB

答え 上の解説を参照

ココは覚える
①三角形の合同条件
・3組の辺がそれぞれ等しい
・2組の辺とその間の角がそれぞれ等しい
・1組の辺とその両端の角がそれぞれ等しい
②証明の型
△□と△□において，
□ □ □ 合同条件にあう等しい辺，または等しい角
同じものが入る
よって，合同条件が入るので，
△□≡△□
証明したいこと

別解 △ABDと△CDBにおいて，
AD∥BCより，∠ADB＝∠CBD
AD＝CB，BD＝DB（共通）
よって，2組の辺とその間の角がそれぞれ等しいので，
△ABD≡△CDB

58

■入試問題にチャレンジ

実際の入試問題を掲載しています。

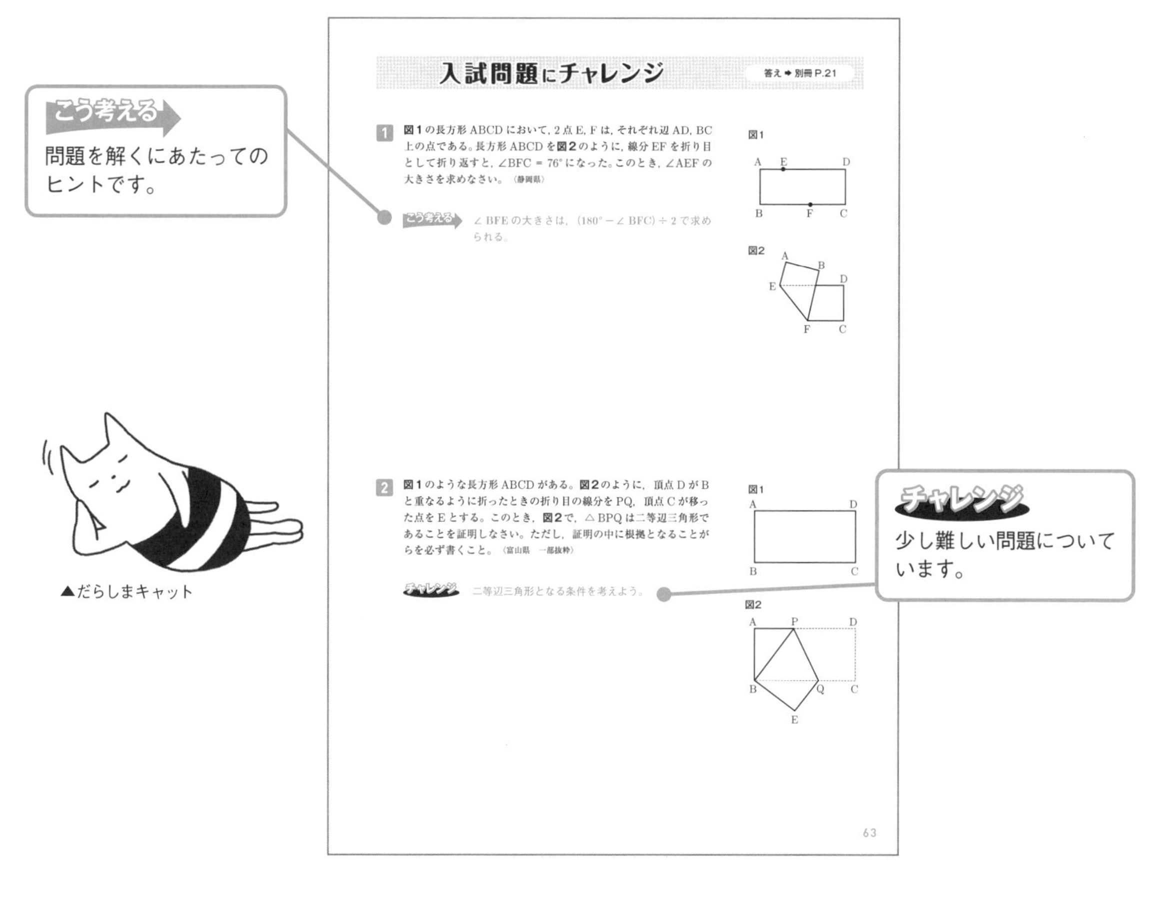

▲だらしまキャット

■解答・解説

別冊に，「入試問題にチャレンジ」の解答・解説を掲載しています。
解説は，本冊解説の攻略法をふまえた内容になっています。

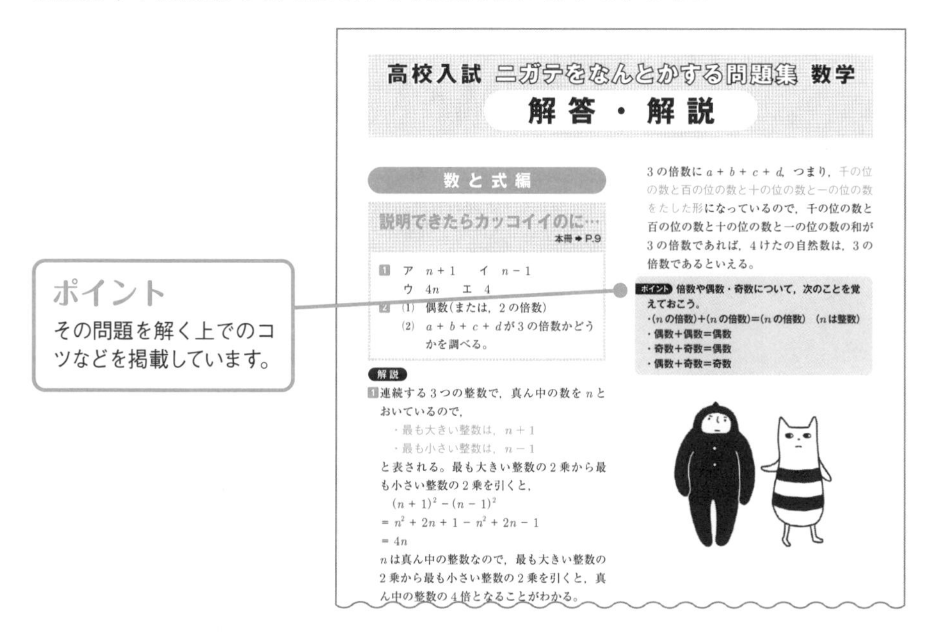

▲なまけマン

ニガテ

見える化すれば楽勝！

➡頭の中で考えずにかき出そう！

長い文章題や，立体図形はイメージしづらいが，
線分図にしたり，平面図形にして考えれば
わかりやすくなるよ！

線分図にして
スッキリ！

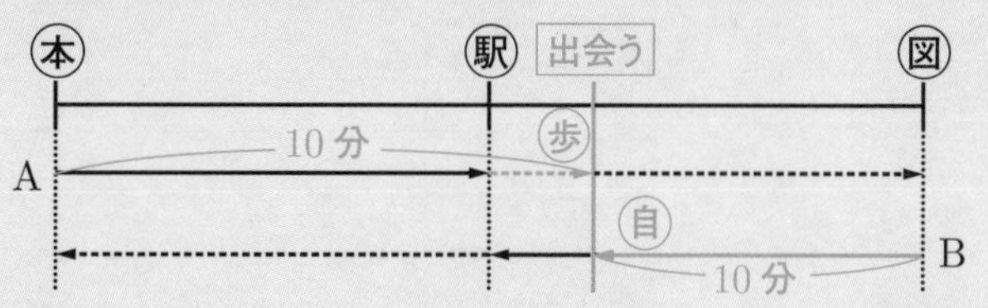

本
駅
出会う
図
10 分
歩
A
自
B
10 分

大＼小	1	2	3	4	5	6
1	①	②	③	④	⑤	⑥
2	②	④	⑥	⑧	10	12
3	③	⑥	⑨	12	15	18
4	④	⑧	12	16	20	24
5	⑤	10	15	20	25	30
6	⑥	12	18	24	30	36

無心で
書き出せ！

問題文が長いと
意味不明

本屋と図書館の道の途中に駅がある。Aさんは，本屋から駅まで
まで歩いて行く。Bさんは，同じ道を図書館から駅まで自転車で行き，
Aさんが本屋を，Bさんが図書館を同時に出発したところ，10分
さんは歩いており，Bさんは自転車に乗っていた。また，Bさんが
さんは図書館に到着した。ただし，2人の自転車の速さは時速12km，
次の問いに答えなさい。〈福井県〉
(1) 図書館から2人が出会ったところまでの道のりを求
(2) 本屋から駅までの道のりを x km，駅から2人
x と y についての連立方程式をつくりなさい。
(2)の連立方程式を解いて，本屋から図書館ま

確率がキライ

丸暗記でも なんとかなる！

➡あれこれ悩まず覚えちゃえ！

深く考えなくてもパターンを覚えれば解ける問題もあるぞ！

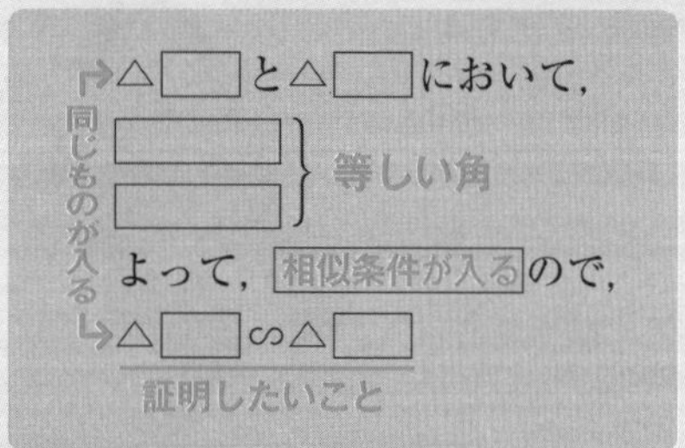

△□と△□において，
□
□ 等しい角
同じものが入る
よって，相似条件が入るので，
△□∽△□
証明したいこと

「型」を覚えて
あてはめていこう！

2けたの自然数Aを
$10a + b$ とすると…

入試によくでる
式の表し方を
覚えてしまえ！

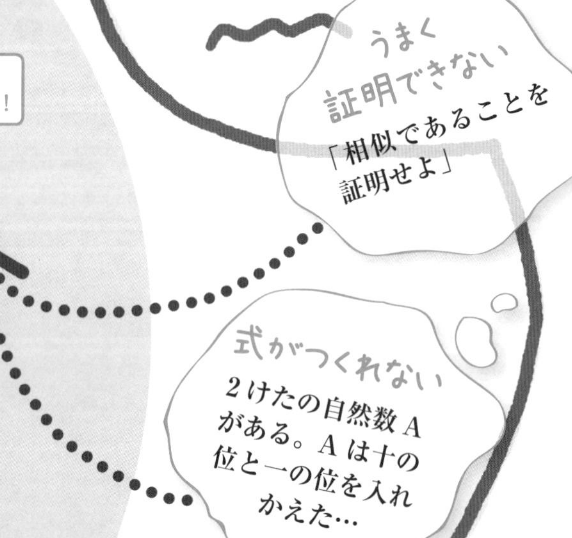

うまく
証明できない
「相似であることを
証明せよ」
式がつくれない
2けたの自然数A
がある。Aは十の
位と一の位を入れ
かえた…

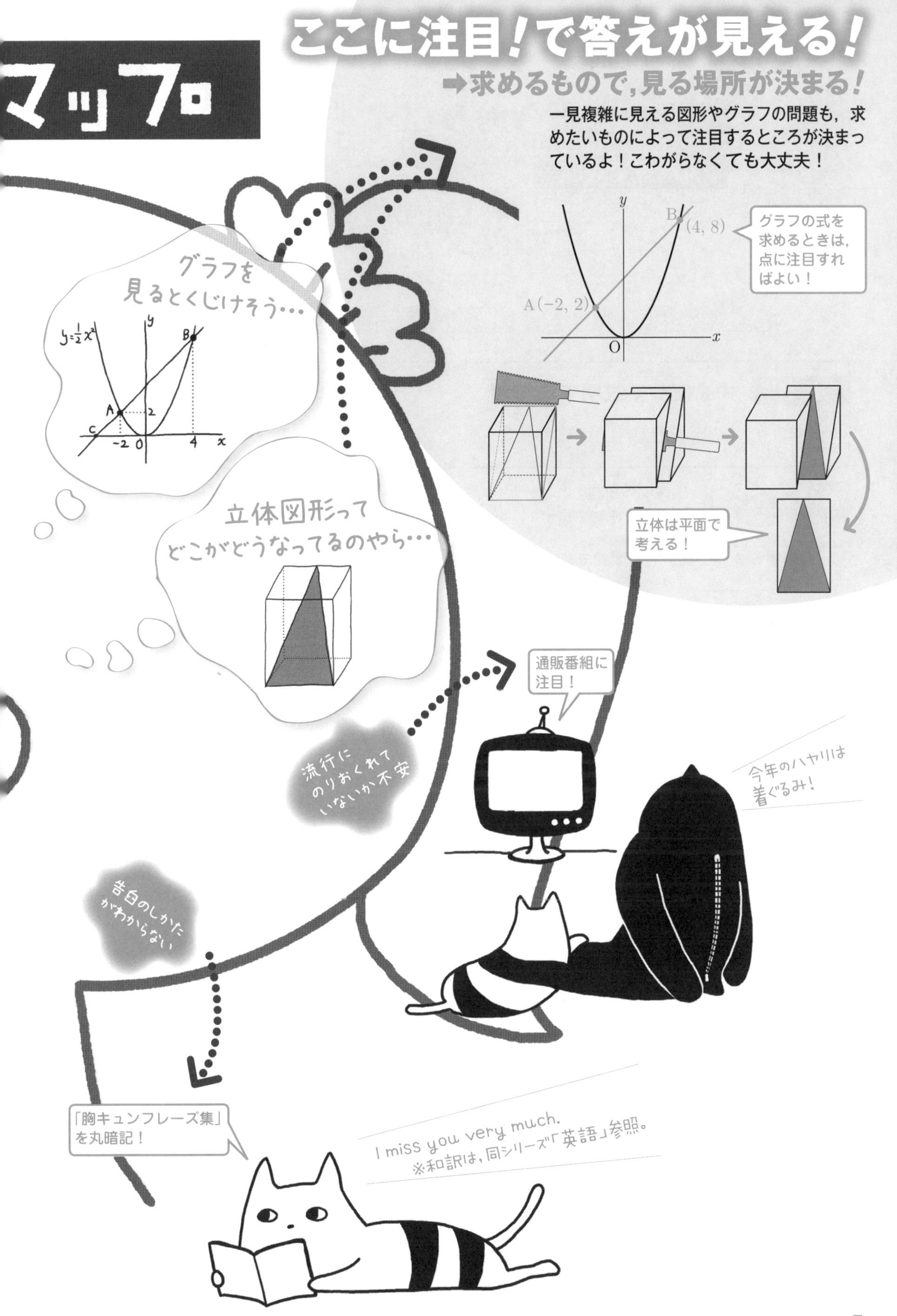
マップロ
ここに注目！で答えが見える！
➡求めるもので，見る場所が決まる！
一見複雑に見える図形やグラフの問題も，求めたいものによって注目するところが決まっているよ！こわがらなくても大丈夫！
A(−2, 2)
B(4, 8)
グラフの式を求めるときは，点に注目すればよい！
立体は平面で考える！
グラフを見るとくじけそう…
$y=\frac{1}{2}x^2$
立体図形ってどこがどうなってるのやら…
流行にのりおくれていないか不安
通販番組に注目！
今年のハヤリは着ぐるみ！
告白のしかたがわからない
「胸キュンフレーズ集」を丸暗記！
I miss you very much.
※和訳は，同シリーズ「英語」参照。

説明できたらカッコイイのに…

丸暗記で攻略

3つのステップでキマル！

例題 **式を使って説明する問題**

連続する3つの偶数の和は，6の倍数になる。このことがつねに成り立つことを説明しなさい。

こう考える

説明の手順

① 文字式で表す　② 文字式を計算，整理　③ 結論に合うように文字式をなおす

① 連続する3つの偶数を文字式で表す

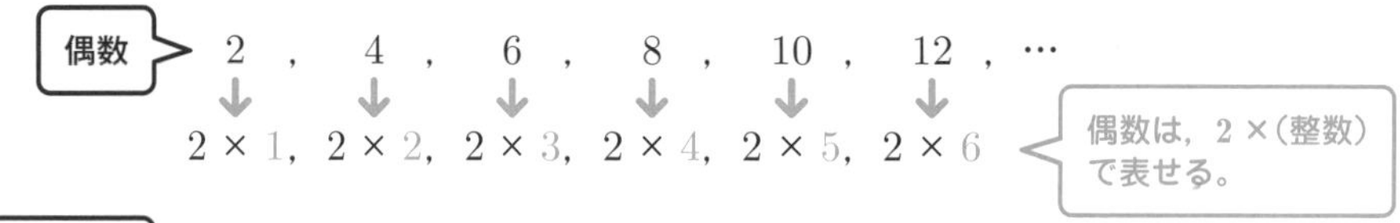

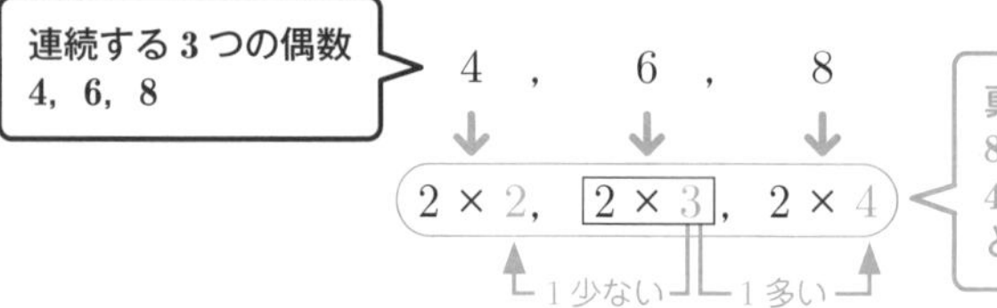

真ん中の6を基準に考えると，8は，かける数が＋1 4は，かける数がー1 となっている。

連続する3つの偶数　$2\times(n-1)$，$2\times n$，$2\times(n+1)$　連続する3つの偶数を式で表すとこうなる。(nは整数)

② 連続する3つの偶数の和を計算する

連続する3つの偶数を，$2\times(n-1)$，$2\times n$，$2\times(n+1)$
(nは整数)とすると，3つの和は，

$2(n-1)+2n+2(n+1)$
$=2n-2+2n+2n+2$
$=6n$

真ん中の数を2×nとすると，計算がラクなんだよ！

③ 結論(6の倍数)に合うように文字式をなおす

$6n=6\times n$(nは整数)　なので，6の倍数といえる。

答え

nを整数とする。連続する3つの偶数のうち，真ん中の数を$2n$とすると，連続する3つの偶数は，$2n-2$，$2n$，$2n+2$と表すことができる。
よって，連続する3つの偶数の和は，$(2n-2)+2n+(2n+2)=6n$となる。
nは整数だから，$6n$は6の倍数である。
よって，連続する3つの偶数の和は，6の倍数になる。

ココは覚える 入試によく出る「連続する3つの数」の表し方（nは整数）

・連続する3つの整数 → $n-1$, n, $n+1$　例　3, 4, 5 → $n-1$, n, $n+1$

・連続する3つの奇数 → $2n-1$, $2n+1$, $2n+3$　例　3, 5, 7 → $2n+1-2$, $2n+1$, $2n+1+2$

入試問題にチャレンジ

答え ➡ 別冊P.1

1 連続する3つの整数の性質について，次のように説明するとき，［ア］～［ウ］にはあてはまる式を，［エ］にはあてはまる数を，それぞれ書きなさい。〈北海道〉

（説明）連続する3つの整数のうち，真ん中の整数をnとすると，
最も大きい整数は［ア］　最も小さい整数は［イ］
と表すことができる。
最も大きい整数の2乗から最も小さい整数の2乗を引くと，
(［ア］)^2 − (［イ］)^2 = ［ウ］となる。
よって，連続する3つの整数には，最も大きい整数の2乗から最も小さい整数の2乗を引いた値が，真ん中の整数の［エ］倍となる性質がある。

2 明子さんと直樹さんは，4けたの自然数について調べた。次の(1)，(2)に答えなさい。〈山梨県　一部抜粋〉

(1) 明子さんは，4けたの自然数が2の倍数であるかどうかを見分ける方法を次のように説明した。説明を読んで，（　ア　）にあてはまることばを書きなさい。

【明子さんの説明】
千の位の数をa，百の位の数をb，十の位の数をc，一の位の数をdとすると，
$1000a + 100b + 10c + d$と表すことができる。この式は，
$1000a + 100b + 10c + d = 2(500a + 50b + 5c) + d$　と変形できる。したがって，4けたの自然数は，一の位の数が（　ア　）であれば，2で割り切れるので2の倍数といえる。よって，一の位の数が（　ア　）であるかどうかを調べればよい。

(2) 直樹さんは，明子さんの説明をもとに，$1000a + 100b + 10c + d$を次のように変形すると，3の倍数であるかどうかを見分けることができると考えた。

【直樹さんが考えた式】
$1000a + 100b + 10c + d = 3(333a + 33b + 3c) + (a + b + c + d)$

直樹さんが考えた式から，4けたの自然数が3の倍数であるかどうかを見分ける方法を説明しなさい。

こう考える (2) $3(333a + 33b + 3c)$は3の倍数。$a + b + c + d$がどんな数だったら，4けたの自然数が3の倍数になるかを考えよう。

数と式編

規則がキライ

ここに注目で攻略

▶▶▶▶「前後」に目を光らせろ！

例題 1　数を並べた規則性の問題

□にあてはまる数を書きなさい。
右の図のように，ある規則にしたがって，連続する自然数を，1 から順に 100 まで並べるものとする。上から 3 段目で左から 2 列目の数は 6 である。また，上から 6 段目で左から 9 列目の数は
□である。〈徳島県〉

	1列目	2列目	3列目	4列目	…
1段目	1	4	9	16	
2段目	2	3	8	15	
3段目	5	6	7	14	
4段目	10	11	12	13	
⋮					

こう考える　前後で数がどのように増減しているか考える。

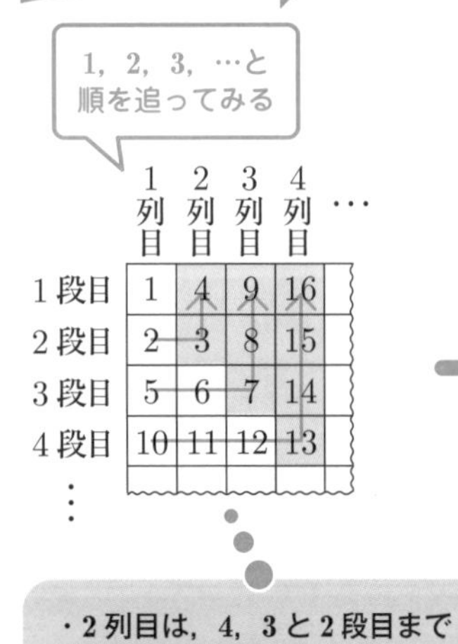

・2 列目は，4，3 と 2 段目まで 1 ずつ減っている。
・3 列目は，9，8，7 と 3 段目まで 1 ずつ減っている。
・4 列目は，16，15，14，13 と 4 段目まで 1 ずつ減っている。

→

2 乗の数か倍数があるか探す

	1列目	2列目	3列目	4列目	…
1段目	1	4	9	16	
2段目	2	3	8	15	
3段目	5	6	7	14	
4段目	10	11	12	13	
⋮					

1 段目が 1^2，2^2，3^2，4^2 となっている。

→

一般化して表す

	1列目	2列目	3列目	4列目	n列目
1段目	1	4	9	16	n^2
2段目	2	3	8	15	n^2-1
3段目	5	6	7	14	n^2-2
4段目	10	11	12	13	n^2-3
n段目					$n^2-(n-1)$

・n 列目の 1 段目は n^2
・n 列目に並ぶ数は，n 段目までは 1 ずつ減っている。

ワザ

数の問題は，「ある数の 2 乗」か，「ある数の倍数」になっていることが多い。

9 列目の 1 段目の数は，$9^2 = 81$
9 列目の数は，9 段目までは 1 ずつ減っているので，6 段目の数は，
$81 - (6 - 1) = 76$

答え　**76**

例題2　図形を並べた規則性の問題

右の図のように，黒い石を使って図形を規則的につくるとき，15番目の図形をつくるために必要な黒い石は何個か求めなさい。

〈鳥取県〉

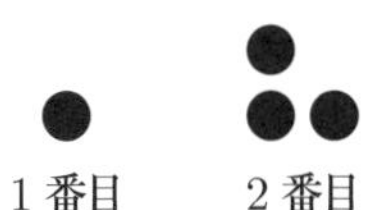
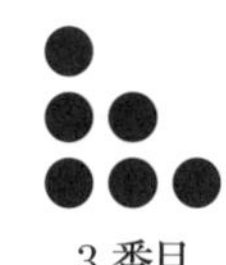
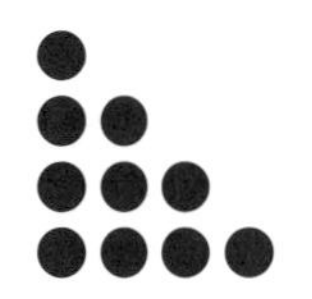

1番目　2番目　3番目　4番目

こう考える　石の個数が前後でどのように増えていくのかを考える。

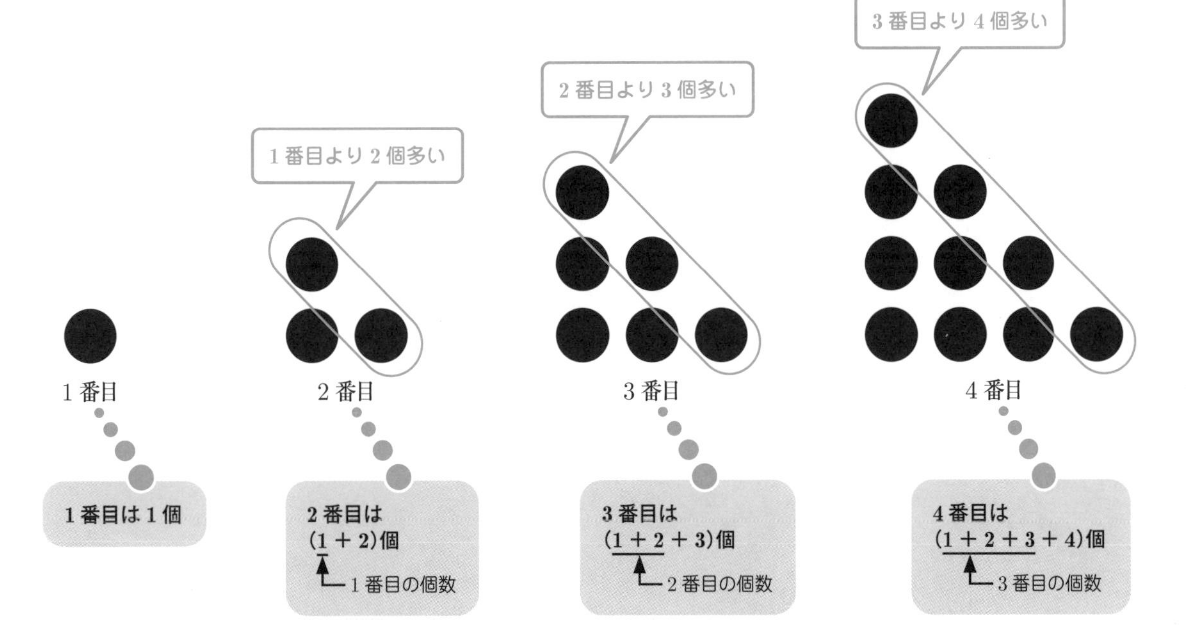

・1番目は，1個
・2番目は，$(1+2)$個
・3番目は，$(1+2+3)$個
・4番目は，$(1+2+3+4)$個
　⋮
・15番目は，$(1+2+3+4+\cdots+12+13+14+15)$個

よって，15番目の図形の石の個数は，

$$1+2+3+4+\cdots+12+13+14+15=\frac{(1+15)\times 15}{2}$$
$$=120$$

ワザ

整数 a から p までの n 個の連続する整数を全部たしたときの答えは，$\frac{(a+p)\times n}{2}$ で求められる。

答え　**120個**

入試問題にチャレンジ

答え ➡ 別冊 P.2

1 自然数をある規則にしたがって並べた表を，下の図のように 1 番目，2 番目，3 番目，4 番目，5 番目，…の順につくっていく。n 番目の表には，上段，下段にそれぞれ自然数が n 個ずつ並べられている。次の問いに答えなさい。〈熊本県　一部抜粋〉

1 番目

上段	1
下段	2

2 番目

1	4
2	3

3 番目

1	4	5
2	3	6

4 番目

1	4	5	8
2	3	6	7

5 番目

1	4	5	8	9
2	3	6	7	10

・・・

n 番目

1	4	5	8	9	・	…	・	・
2	3	6	7	10	・	…	・	・

n 個

(1) 7 番目の表の上段で，右端から 2 番目にある数を求めなさい。

(2) 10 番目の表に並べられたすべての数の和から，9 番目の表に並べられたすべての数の和を引いた値を求めなさい。

こう考える (2) n 番目の表には，$2n$ までの数が並んでいる。

2 右の図のように，1 辺の長さが 1 の正三角形のタイルをすき間なく並べて，順に 1 番目，2 番目，3 番目，4 番目，…と，n 番目の底辺の長さが n である正三角形をつくる。このとき，正三角形をつくるのに必要なタイルの枚数を考える。例えば，4 番目の正三角形をつくるのに必要なタイルの枚数は 16 枚である。6 番目の正三角形をつくるのに必要なタイルの枚数を求めなさい。〈長野県　一部抜粋〉

1 番目　2 番目　3 番目　4 番目　……

こう考える 必要なタイルの枚数は，1 番目の正三角形には $1(=1^2)$ 枚，2 番目には $4(=2^2)$ 枚，3 番目には $9(=3^2)$ 枚，4 番目には $16(=4^2)$ 枚，…なので，n 番目には n^2 枚となる。

3 **図1**のように，自然数が1から順に1行に13個ずつ規則的に並んでいる表がある。ただし，・は数字を省略したものである。この表の中で，横に並んだ数を上から第1行，第2行，第3行，…の数とし，縦に並んだ数を左から第1列，第2列，第3列，…の数とする。また，この表の中で，縦，横に3つずつ並んでいる9つの数を枠(わく)で囲む。このときの枠の中央の数を a とする。例えば，**図1**では，表の中の数のある部分を枠で囲んだとき，a が表の中の第 m 行で第 n 列の数であることを表している。次の問いに答えなさい。〈福島県〉

図1

	第1列	第2列	第3列			第 n 列			第13列
第1行	1	2	3		・	・	・		13
第2行	14	15	・		・	・	・		26
第3行	27	・	・		・	・	・		・
⋮	・	・	・		・	・	・		・
第 m 行	・	・	・		・	a	・		・
⋮	・	・	・		・	・	・		・

(1) 表の中の数のある部分を枠で囲んだところ，**図2**のように枠の中の右上の数が179であった。このとき，a の値を求めなさい。

図2

・	・	179
・	a	・
・	・	・

(2) 表の中の数のある部分を枠で囲み，その中に含まれる9つの数の和を計算したところ3456であった。このとき，a は表の中の第何行で第何列の数であるか，求めなさい。

こう考える (2) 1行に13個ずつ自然数が並ぶことを利用して，枠で囲んだ9つの数を，それぞれ a を用いて表してみよう。

√がメンドウ

丸暗記で攻略

とっぱらってしまえ！

例題1 平方根の大小に関する問題

$\sqrt{a} < 3$ にあてはまる正の整数 a の個数を求めなさい。〈岐阜県〉

こう考える 2乗して√をとってから，大きさを比べる。

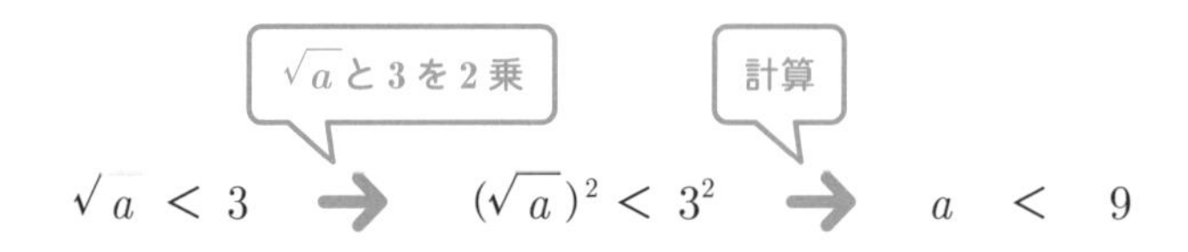

$$\sqrt{a} < 3 \rightarrow (\sqrt{a})^2 < 3^2 \rightarrow a < 9$$

2乗するのが解答への最短ルートさ！

a は9より小さい正の整数なので，$a = 1,\ 2,\ 3,\ 4,\ 5,\ 6,\ 7,\ 8$ の8個

答え 8個

例題2 平方根と整数に関する問題

$\sqrt{\frac{48}{5}n}$ が自然数となるような，最も小さい自然数 n の値を求めなさい。〈神奈川県〉

こう考える ルートの外に出せるものがある場合は出してから考える。

48 = $4^2 \times 3$ より，分解して外に出せる。

$$\sqrt{\frac{48}{5}n} = 4 \times \sqrt{\frac{3}{5}n}$$

$4 \times \sqrt{\frac{3}{5}n}$ が自然数になればよい

$4 \times \sqrt{\frac{3}{5}n}$ が自然数になるには，$\sqrt{\frac{3}{5}n}$ **が自然数**，または，$\frac{1}{2}$ か $\frac{1}{4}$ ならよい。

$\sqrt{\frac{3}{5}n}$ が，$\frac{1}{2}$ または $\frac{1}{4}$ の場合について考えると，

・$\sqrt{\frac{3}{5}n} = \frac{1}{2}$ のとき，$n = \frac{5}{12}$

・$\sqrt{\frac{3}{5}n} = \frac{1}{4}$ のとき，$n = \frac{5}{48}$　となり，n が自然数ではないので，問題に合わない。

よって，$\sqrt{\frac{3}{5}n}$ が自然数の場合を考える。

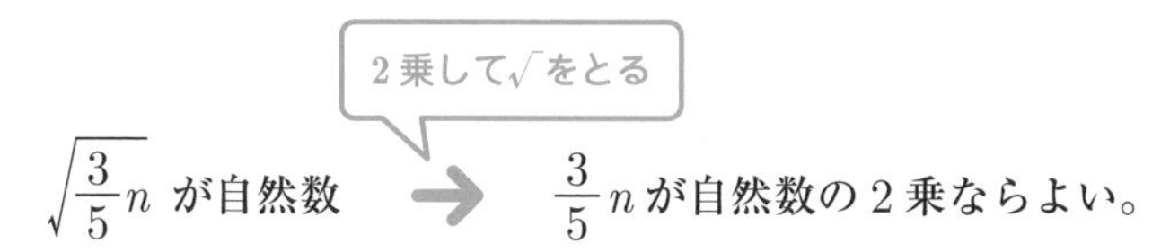

$\sqrt{\frac{3}{5}n}$ が自然数 → $\frac{3}{5}n$ が自然数の 2 乗ならよい。

分母の 5 を消すために

$\frac{3}{5}n$ が自然数の 2 乗 → $n = 5a$ と表せる。

$\frac{3}{5}n = \frac{3}{5} \times 5a = 3a$ となり，$3a$ が自然数の 2 乗になっていればよい。

$3a$ が自然数の 2 乗であるとき，最も小さい自然数 a の値は 3 である。

よって，$n = 5a = 5 \times 3 = 15$

答え **15**

入試問題にチャレンジ

答え ➡ 別冊 P.3

1 $2 < \sqrt{a} < \frac{10}{3}$ を満たす正の整数 a は何個あるか求めなさい。〈奈良県〉

2 3 つの数 $\sqrt{7}$，3，$\frac{6}{\sqrt{6}}$ の大小を，不等号を使って表しなさい。〈宮城県〉

↑ 向きに注意

こう考える ➡ 3 つの数をすべて 2 乗して考えてみよう。

3 $\sqrt{48(17-2k)}$ の値が整数となるような正の整数 k を求めなさい。〈都立国立高〉

こう考える ➡ $\sqrt{48(17-2k)} = 4 \times \sqrt{3(17-2k)}$ である。$17-2k$ がどのような数のとき，$3(17-2k)$ が整数の 2 乗になるかを考えよう。

4 $\sqrt{\frac{540}{n}}$ の値が整数になるような自然数 n は何個あるか，求めなさい。〈都立青山高〉

チャレンジ $\sqrt{\frac{540}{n}} = 6 \times \sqrt{\frac{15}{n}}$ である。$\sqrt{\frac{15}{n}}$ が整数でなくても，$6 \times \sqrt{\frac{15}{n}}$ は整数となる場合があるので注意しよう。

式がつくれない

丸暗記で攻略

▶▶▶▶表し方を覚えてしまおう

例題　整数に関する問題

①2けたの自然数Aがある。Aは，十の位の数と一の位の数を入れかえた数より45大きい。また，②Aの十の位の数を3倍して，一の位の数を2倍した数でわると，商が5，あまりが1となった。このとき，Aはいくつか求めなさい。

こう考える　**2けたの自然数は，$10a+b$と表す。**

①を式で表す。

2けたの自然数A → $A = 10a + b$

は

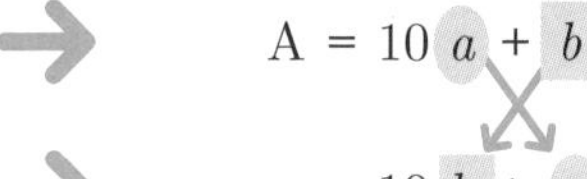

十の位の数と一の位の数を入れかえた数 → $10b + a$

より

45大きい → $10b + a + 45 = 10a + b$　…①

（$10b+a$：入れかえた数，$10a+b$：A）

②を式で表す。

Aの十の位の数を3倍 → $3a$

して

一の位の数を2倍した数で → $2b$

わると → $3a \div 2b$

商が5，あまりが1 → $3a \div 2b = 5$ あまり 1 → $3a = 5 \times 2b + 1$　…②

わからない文字が2つで，式が2つつくれたので，a，bが求められる。

式①　$10b + a + 45 = 10a + b$ → $9a - 9b = 45$ → $a - b = 5$ → $a = b + 5$　…①′

（式を整理）（両辺を9でわる）（式を整理）

式②　$3a = 5 \times 2b + 1$ → $3a - 10b = 1$　…②′

（式を整理）

①′，②′を連立方程式とみて解く。

①′を②′に代入して，$3(b+5)-10b=1$　よって，$b=2$　これを①′に代入して，$a=7$

よって，A の十の位の数は 7，一の位の数は 2 なので，A は 72

答え　**72**

ココは覚える　式のパターン

2 けたの自然数 A	→	$A=10a+b$	(例) $23=10\times2+3$
P ÷ Q = R あまり r	→	$P=RQ+r$	(例) $20\div3=6$ あまり 2 → $20=6\times3+2$
7 の倍数	→	$7a$(a は自然数)	(例) 7 の倍数…7，14，21，28，…

入試問題にチャレンジ

答え ➡ 別冊 P.4

1　一の位が 0 でない 2 けたの自然数 A がある。A の十の位の数と一の位の数を入れかえてできる自然数を B とする。A − B が 7 の倍数になるときの自然数 A をすべて求めなさい。

（7 の倍数 ← 7 × 自然数）

ただし，A の十の位の数は，一の位の数より大きいものとする。〈秋田県　一部抜粋〉

こう考える　$10a+b-(10b+a)=9a-9b=9(a-b)$ より，$a-b$ について考えよう。

2　1 〜 20 までの正の整数から 3 つの数を選び，それぞれ A，B，C とする。B は A より 5 小さい数であり，C は A の 2 倍より 1 小さい数である。整数 A を x とするとき，次の問いに答えなさい。

〈佐賀県〉

(1)　整数 B を x を用いて表しなさい。

(2)　整数 C を x を用いて表しなさい。

(3)　A と B の積が C を 3 倍したものより 25 小さいとき，整数 A，B，C をそれぞれ求めなさい。ただし，x についての方程式をつくり，答えを求めるまでの過程も書きなさい。

3　ある週の月曜日と水曜日の日にちを表す数をかけたものが，火曜日の日にちを表す数の 9 倍より 1 小さい。このとき，火曜日の日にちを表す数を求めなさい。〈青森県〉

チャレンジ　週の曜日の日にちを表す数は，どのような数が並んでいるかを考えよう。

方程式編

文が長いと意味不明

見える化で攻略

▶▶▶▶ 図にしてスッキリ！

例題　速さに関する問題

①本屋と図書館の道の途中に駅がある。②A さんは，本屋から駅まで自転車で行き，駅から図書館まで歩いて行く。B さんは，同じ道を図書館から駅まで自転車で行き，駅から本屋まで歩いて行く。③A さんが本屋を，B さんが図書館を同時に出発したところ，10 分後に出会った。そのとき，A さんは歩いており，B さんは自転車に乗っていた。④また，B さんが本屋に到着した 8 分後に，A さんは図書館に到着した。ただし，2 人の自転車の速さは時速 12km，歩く速さは時速 4km とする。次の問いに答えなさい。〈福井県〉

(1)　図書館から 2 人が出会ったところまでの道のりを求めなさい。

(2)　本屋から駅までの道のりを x km，駅から 2 人が出会ったところまでの道のりを y km として，x と y についての連立方程式をつくりなさい。

(3)　(2)の連立方程式を解いて，本屋から図書館までの道のりを求めなさい。

こう考える　状況を順に図で表していく。文中で大切な数字はかこむ。

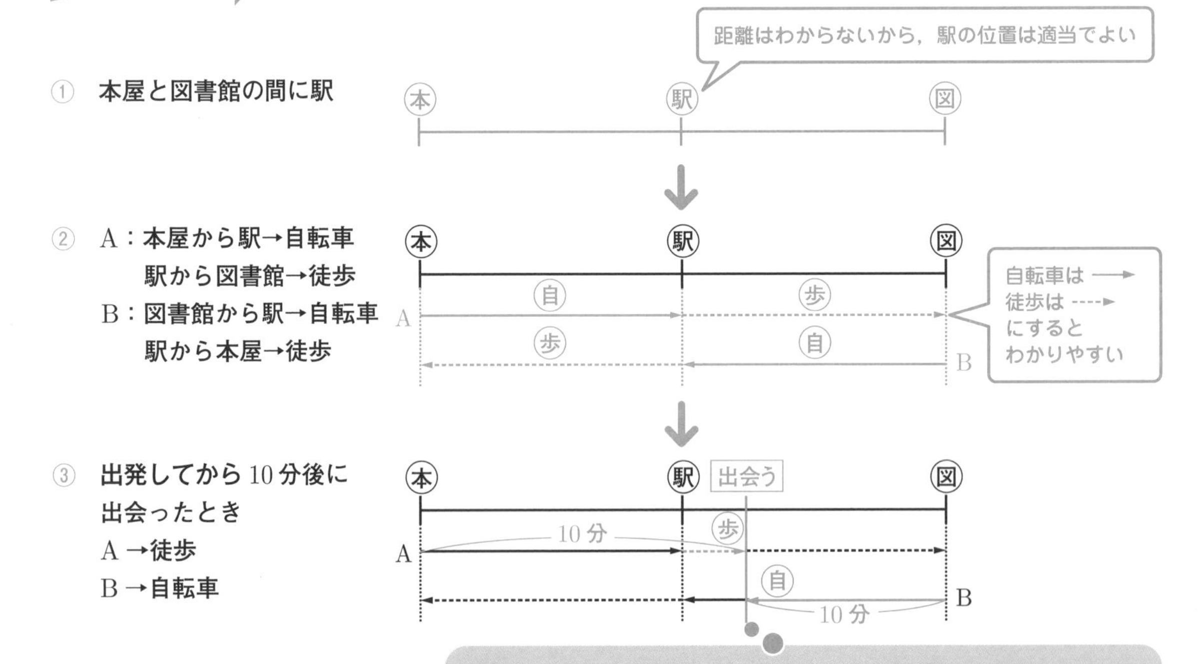

④　Bが本屋に到着したとき

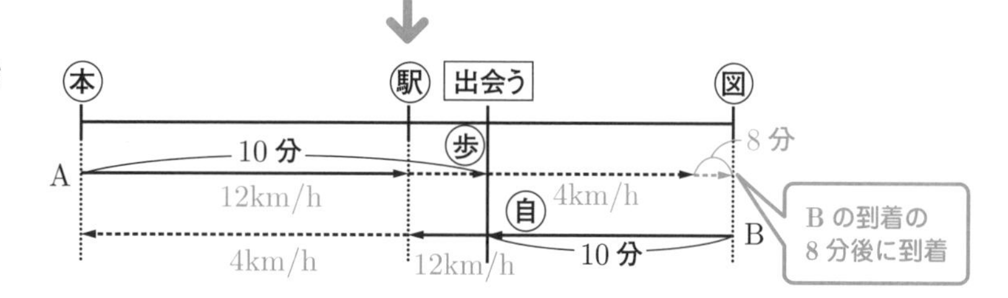

⑴　④の図より，図書館から2人が出会ったところまでの道のりは，Bが時速12kmで10分間に進んだ道のりに等しい。

10分$=\frac{1}{6}$時間より，$12\times\frac{1}{6}=2$(km)

⑵　**本屋から駅→ $x$km**
駅から出会ったところ→ $y$km
を図で表す

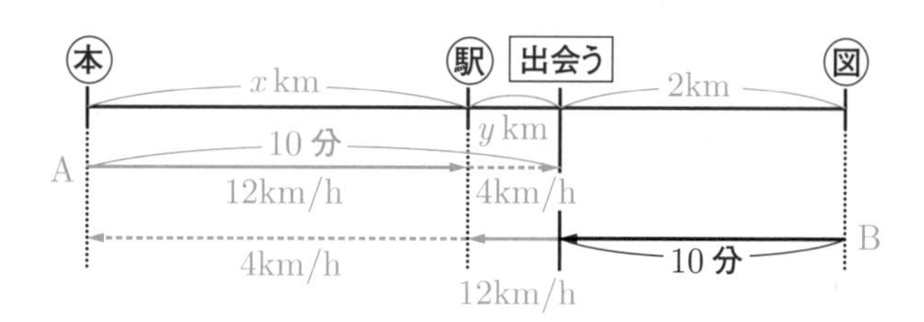

図より，Aの時間について考えると，
(本屋から駅までの時間)＋(駅から2人が出会った地点までの時間)＝10分なので，

$\frac{x}{12}+\frac{y}{4}=\frac{1}{6}$　…①

AがBと出会ってから図書館までにかかる時間は，$2\div 4=\frac{1}{2}$(時間)

BはAより8分$\left(=\frac{8}{60}\text{時間}\right)$早く着くので，BがAと出会ってから本屋までにかかる時間は，

$\frac{1}{2}-\frac{8}{60}=\frac{22}{60}$(時間)

よって，Bの時間について方程式をつくると，$\frac{y}{12}+\frac{x}{4}=\frac{22}{60}$　…②

⑶　⑵の①の両辺を12倍すると，$x+3y=2$　…③
②の両辺を60倍すると，$15x+5y=22$　…④

$$\begin{array}{lrl} ③\times 15 & 15x+45y &= 30 \\ ④ & -)\ 15x+\ \ 5y &= 22 \\ \hline & 40y &= 8 \\ & y &= 0.2 \end{array}$$

$y=0.2$を③に代入すると，$x+3\times 0.2=2$
$x=1.4$
よって，本屋から図書館までの道のりは，$1.4+0.2+2=3.6$(km)

答え　⑴　**2km**　⑵ $\begin{cases}\frac{x}{12}+\frac{y}{4}=\frac{1}{6}\\ \frac{y}{12}+\frac{x}{4}=\frac{22}{60}\end{cases}$　⑶　**3.6km**

入試問題にチャレンジ

答え ➡ 別冊 P.5

1 サクラさんは，スタート地点からA地点，B地点を経てゴール地点まで，全長3kmのコースを走った。スタート地点からA地点までは分速150mで8分間走り，A地点からB地点までは分速120mで走った。そして，B地点からゴール地点までは分速180mで走ると，スタートしてからゴールするまで22分かかった。次の問いに答えなさい。〈佐賀県〉

(1) A地点からB地点までの道のりをxm，B地点からゴール地点までの道のりをymとして，x，yについての連立方程式を次のようにつくった。このとき，①，②にあてはまる式を求めなさい。

$$\begin{cases} \boxed{\quad ① \quad} = 3000 \\ \boxed{\quad ② \quad} = 22 \end{cases}$$

(2) A地点からB地点までの道のりと，B地点からゴール地点までの道のりを，それぞれ求めなさい。

(3) 翌日，サクラさんは，同じコースを走った。スタート地点からB地点までは一定の速さで走り，B地点からゴール地点までは分速180mで走ると，スタートしてからゴールするまで22分かかった。スタート地点からB地点までを走った速さは分速何mか，求めなさい。

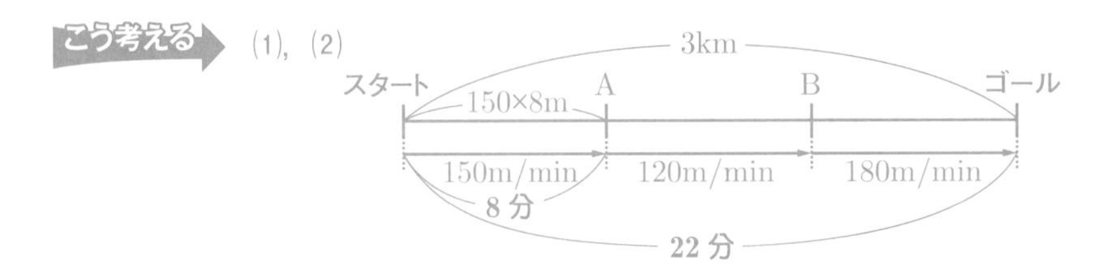

2 花子さんの家から学校までの道のりは1200mである。ある朝，花子さんは，学校の始業時刻の17分前に家を出て，途中のA地点までは分速100mで走り，A地点から学校までは分速60mで歩いたところ，始業時刻の2分前に学校に到着した。花子さんの家からA地点までの道のりは何mか，求めなさい。〈愛知県〉

3 太郎さんと花子さんは修学旅行で，午前 8 時 30 分に学校を出発し，200km 離れた目的地へバスで向かった。学校から途中の休憩所までを時速 40km で走り，休憩所で 30 分間休憩し，休憩所から目的地までを時速 60km で走ったところ，午後 1 時に到着した。学校から休憩所までの道のりと，かかった時間を知るために，2 人は，それぞれ次の連立方程式をつくった。このとき，あとの問いに答えなさい。〈富山県〉

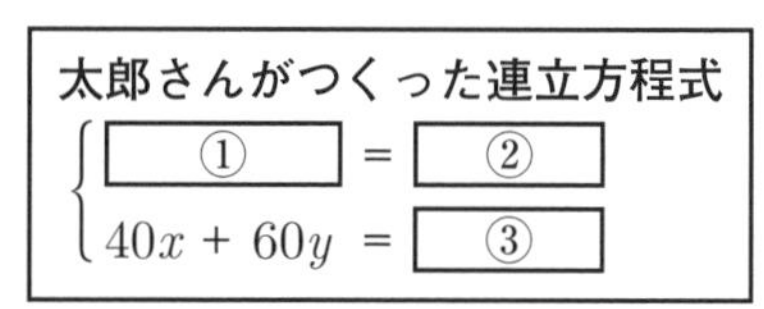

太郎さんがつくった連立方程式
①　=　②
$40x + 60y$　=　③

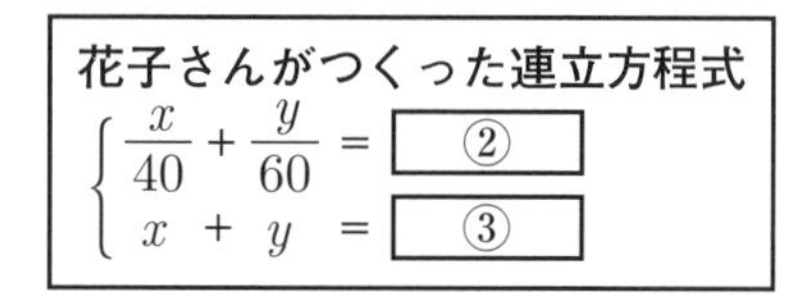

花子さんがつくった連立方程式
$\frac{x}{40} + \frac{y}{60}$　=　②
$x + y$　=　③

(1) 太郎さんと花子さんがつくった連立方程式の x は，それぞれ何を表すか。次のア～エから選び，それぞれ記号で答えなさい。

ア　学校から休憩所までの道のり (km)
イ　休憩所から目的地までの道のり (km)
ウ　学校を出発してから，休憩所に到着するまでにかかった時間(時間)
エ　休憩所を出発してから，目的地に到着するまでにかかった時間(時間)

(2) 2 人がつくった連立方程式の①にはあてはまる式を，②，③にはあてはまる数をそれぞれ答えなさい。

4 湖のまわりに 1 周 3300m の遊歩道がある。この遊歩道の地点 P に A 君と B 君がいる。A 君が分速 60m で歩き始めてから 10 分後に，B 君が A 君と反対回りに歩き始めた。B 君が歩き始めてから 20 分後に 2 人は初めて出会った。このとき，B 君の歩いた速さは分速何 m か求めなさい。〈茨城県〉

A 君が進んだ道のりと B 君が進んだ道のりの和が 3300m となる。B 君の歩く速さを分速 xm として式をつくってみよう。

%がイヤ！

見える化で攻略

▶▶▶▶表にすれば見えてくる！

例題　割合に関する問題

①ある中学校の生徒全員が，○か×のどちらかで答える１つの質問に回答し，58%が○と答えた。また，男女別に調べたところ，②○と答えたのは男子では70%，③女子では45%であり，○と答えた人数は，男子が女子より37人多かった。この中学校の男子と女子の生徒数をそれぞれ求めなさい。求める過程も書きなさい。〈福島県〉

ココは覚える

全体の人数（個数）にあたる部分

～%，～割にあたる部分

全体の人数や個数のうち，何人（何個），にあたる部分

もとにする量　×　割合　＝　くらべる量

「もとにする量」，「割合」，「くらべる量」のうち，2つがわかれば，残りの1つもわかる。

・「くらべる量」がわからないとき　→　くらべる量　＝　もとにする量　×　割合
・「割合」がわからないとき　→　割合　＝　くらべる量　÷　もとにする量
・「もとにする量」がわからないとき　→　もとにする量　＝　くらべる量　÷　割合

こう考える　割合の問題では，もとにする量を x，y とおく。

男子を x 人，女子を y 人とおくと，生徒全員は $(x+y)$ 人とおける。

①「中学校の生徒全員」のうち，「58%が○と答えた」　→　「くらべる量」である，「○と答えた生徒」は，
$(x+y)\times 0.58 = 0.58(x+y)$（人）

全体にあたる部分なので，「もとにする量」

～%にあたる部分なので，「割合」

②「男子の生徒」のうち，「70%が○と答えた」 ➔ 「くらべる量」である，「男子のうち○と答えた生徒」は，$x \times 0.7 = 0.7x$（人）

全体にあたる部分なので，「もとにする量」

～%にあたる部分なので，「割合」

③「女子の生徒」のうち，「45%が○と答えた」 ➔ 「くらべる量」である，「女子のうち○と答えた生徒」は，$y \times 0.45 = 0.45y$（人）

全体にあたる部分なので，「もとにする量」

～%にあたる部分なので，「割合」

以上の内容を，下のような表を使って整理する。

	男子生徒	女子生徒	生徒全員
人数	x 人	y 人	$(x+y)$ 人
○と答えた割合	70%	45%	58%
○と答えた人数	$0.7x$ 人	$0.45y$ 人	$0.58(x+y)$ 人

全体の生徒数は，男子＋女子

割合はたしてはダメなので注意！

男子が女子より37人多い。

もとの人数×割合で，その割合の実際の人数を求められる。ここが書ければゴール間近。

男子の70%と女子の45%の合計人数が，全体の58%の人数に等しいので，
$0.7x + 0.45y = 0.58(x+y)$ …①
両辺を100倍すると，$70x + 45y = 58(x+y)$
整理すると，$12x - 13y = 0$ …②
男子の70%の人数が，女子の45%の人数より37人多い。→ $0.7x$ 人から $0.45y$ 人を引いたら37人になるということ。
よって，
$0.7x - 0.45y = 37$ …③
両辺を100倍すると，$70x - 45y = 3700$
両辺を5でわると，$14x - 9y = 740$ …④
②，④を連立方程式として解くと，

$$\begin{array}{lrl} ②\times 7 & 84x - 91y &= 0 \\ ④\times 6 & -)\ 84x - 54y &= 4440 \\ \hline & -37y &= -4440 \\ & y &= 120 \end{array}$$

$y = 120$ を②に代入すると，$12x - 13 \times 120 = 0$
$x = 130$
したがって，男子の生徒数は130人，女子の生徒数は120人である。

答え　男子の生徒数130人，女子の生徒数120人
（求める過程は，上の解説を参照）

白黒つかないこともあるけどね…。

入試問題にチャレンジ

答え ➡ 別冊 P.7

1 次の問題について，あとの問いに答えなさい。〈山形県〉

〔問題〕

小学生と中学生を対象にした音楽鑑賞会が毎年開催されており，今年の参加者数は，小学生と中学生を合わせて 135 人です。今年は，昨年と比べて，小学生が 10%減り，中学生が 20%増え，全体では 5 人増えています。今年の小学生と中学生の参加者数は，それぞれ何人ですか。

(1) 問題にふくまれる数量の関係から，2 つの文字 x，y を使って，連立方程式をつくりなさい。

(2) 今年の小学生と中学生の参加者数を，それぞれ求めなさい。

こう考える　まずは，下の表の空欄に入る数，式を考えよう。

	小学生	中学生	全体
昨年	x 人	y 人	
今年			135 人

2 ある家庭では，昨年 1 月の電気代と水道代の 1 日あたりの合計額は 530 円だった。その後，家庭で節電・節水を心がけたため，今年 1 月の 1 日あたりの額は，昨年 1 月と比較して電気代は 15%，水道代は 10%減り，1 日あたりの合計額は 460 円となった。次の問いに答えなさい。〈兵庫県〉

(1) 昨年 1 月の 1 日あたりの電気代と水道代をそれぞれ x 円，y 円として，連立方程式をつくった。［ア］と［イ］にあてはまる数式を書きなさい。

$$\begin{cases} \boxed{\quad ア \quad} = 530 \\ \boxed{\quad イ \quad} = 460 \end{cases}$$

(2) 昨年 1 月の 1 日あたりの電気代と水道代はそれぞれ何円か，求めなさい。

(1) 昨年 1 月の 1 日あたりの電気代と水道代が，それぞれのもとにする量となることに注目しよう。

3 ある店ではボールペンとノートを販売している。先月の販売数はボールペンが60本，ノートが120冊で，ノートの売り上げ金額はボールペンの売り上げ金額より12600円多かった。今月は，先月と比べて，ボールペンの販売数が40%増え，ノートの販売数が25%減ったので，ボールペンとノートの売り上げ金額の合計は10%減った。このとき，ボールペン1本とノート1冊の値段はそれぞれいくらか，求めなさい。求める過程も書きなさい。〈福島県〉

4 ハルミさんは，店で買い物をしようと考えている。ハルミさんは，右のような2種類の買い物券を1枚ずつ持っている。次の文中の［①］，［②］，［③］に入れるのに適している式または数をそれぞれ書きなさい。

〈大阪府〉

【300円引き券】
合計金額から300円引きます。
500円以上のお買い物に限ります。
【2割引き券】と同時に使うことはできません。

【2割引き券】
合計金額から2割引きします。
【300円引き券】と同時に使うことはできません。

1個100円の品物 a 個（$a \geqq 5$）の合計金額は $100a$ 円である。合計金額から300円引いた金額は［①］円になり，合計金額から2割引きした金額は［②］円になる。合計金額から300円引いた金額と合計金額から2割引きした金額が等しくなるのは，a の値が［③］のときである。

5 ある洋菓子店で，昨日，シュークリームとショートケーキが合わせて250個売れた。今日売れた個数は，昨日に比べて，シュークリームが10%増え，ショートケーキが10%減り，シュークリームとショートケーキの合計では1個減った。この店の，昨日売れたシュークリームとショートケーキの個数をそれぞれ求めなさい。求める過程も，式と計算を含めて書きなさい。〈香川県〉

こう考える　もとにする量となるものを x，y とおこう。

長文＋図＝ギブアップ

見える化で攻略

▶▶▶▶ 無心でかき込めば見えてくる

例題 図形を使った問題

①横の長さが縦の長さより2cm長い長方形の紙がある。右の図のように，②4すみから1辺が4cmの正方形を切り取って，ふたのない直方体の容器をつくったところ，③容積が$96cm^3$となった。もとの紙の縦の長さを$x$cmとして方程式をつくり，もとの紙の縦の長さを求めなさい。ただし，途中の式も書くこと。〈栃木県〉

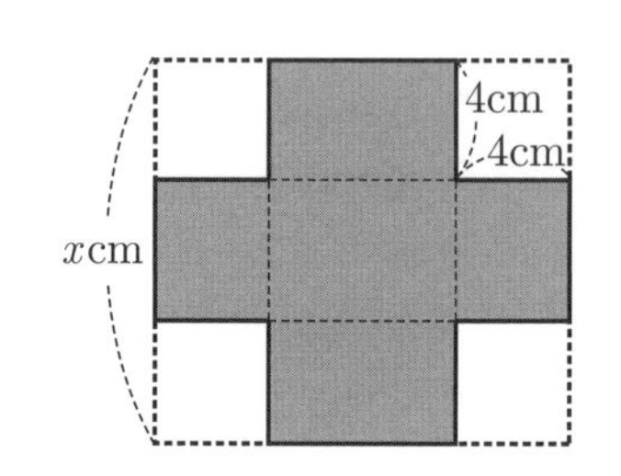

こう考える わかっていることを図にかき込む。

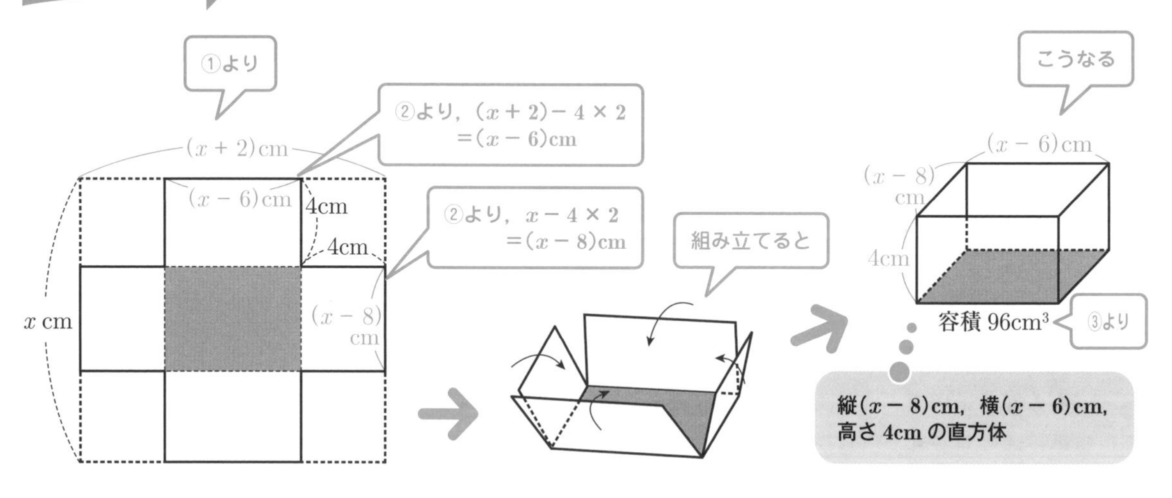

縦の長さが$(x-8)$cm，横の長さが$(x-6)$cm，高さが4cmの直方体の容積が$96cm^3$なので，

$4(x-8)(x-6)=96$

が成り立つ。これを解くと，

$(x-8)(x-6)=24$，$x^2-14x+48=24$，$x^2-14x+24=0$，

$(x-2)(x-12)=0$，よって，$x=2$，12

$x>8$なので，$x=12$

$x$cmから$4\times2=8$(cm)切り取っている。

答え 12cm(途中の式は，上の解説を参照)

むずかしそうなのは見た目だけでごわす。

入試問題にチャレンジ

答え ➡ 別冊P.9

1 中学生の優子さんは，地域の子ども会のキャンプに参加した。野外炊飯をしようとしたところ，米の計量カップを忘れたことに気づいた。そこで，レクリエーション用に持ってきていた画用紙を使って，米一合分(180cm^3)を量るための箱をつくることにした。箱はふたのない直方体とし，右の図のように，正方形の画用紙の 4 すみから 1 辺が 4cm の正方形を切り取り，容積が 180cm^3 となるようにつくる。4 すみから正方形を切り取る前の初めの正方形の画用紙の 1 辺の長さを $x$cm として，次の問いに答えなさい。〈岡山県〉

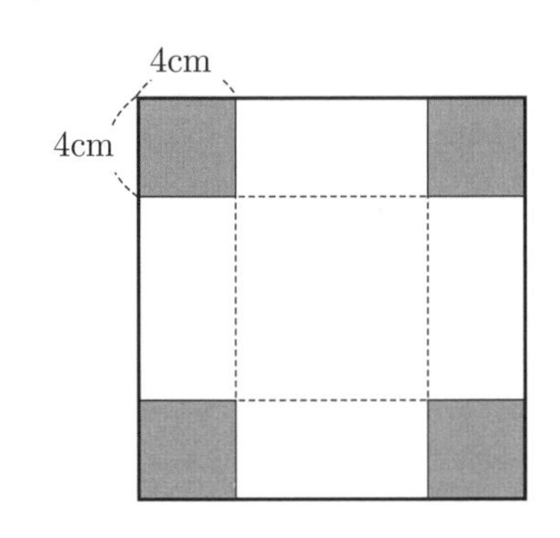

(1) この箱の底面の 1 辺の長さは何 cm か，x の式で表しなさい。

(2) 初めの正方形の画用紙の 1 辺の長さは何 cm か。答えを求めるまでの過程も書いて答えなさい。

こう考える ➡ (2) 容積が 180cm^3，高さが 4cm である直方体の底面積を，(底面積)×(高さ)＝(容積) から考えよう。

2 **図1**のような長方形の土地がある。次の問いに答えなさい。〈山口県〉

図1

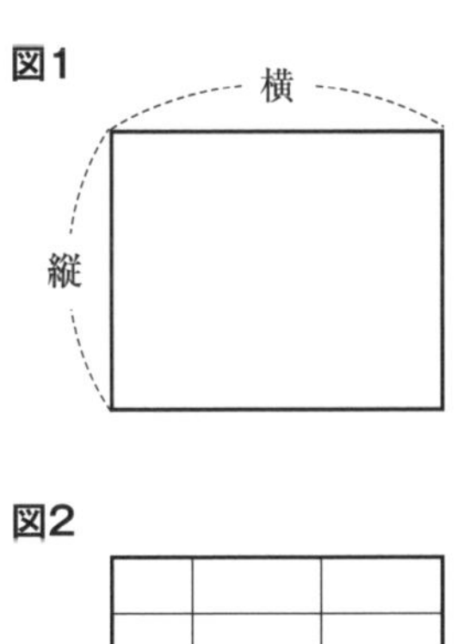

(1) **図1**の土地において，縦の方向に 2 本，横の方向に 3 本の直線を引くと，**図2**のように 12 区画に分けられる。同じようにして，**図1**の土地において，縦の方向に a 本，横の方向に b 本の直線を引くと，何区画に分けられるか。a，b を使った式で表しなさい。

図2

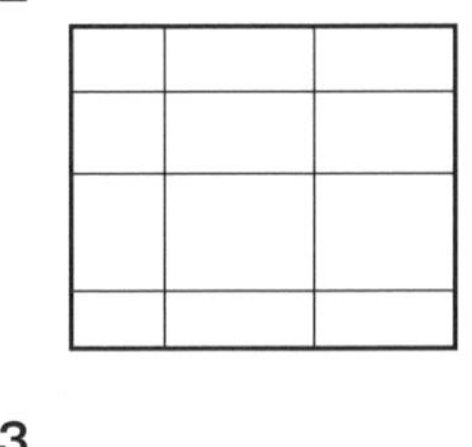

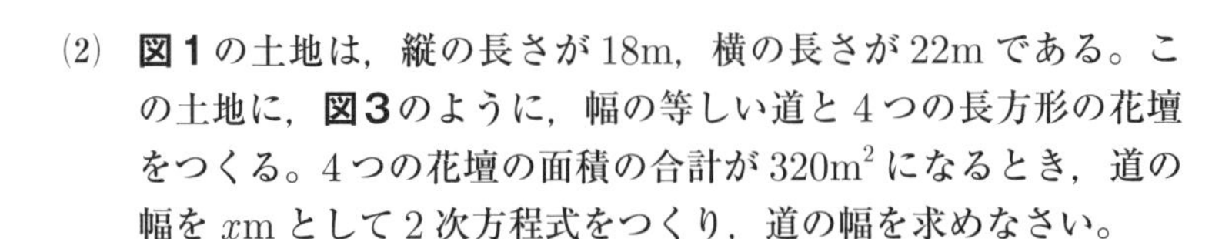

(2) **図1**の土地は，縦の長さが 18m，横の長さが 22m である。この土地に，**図3**のように，幅の等しい道と 4 つの長方形の花壇をつくる。4 つの花壇の面積の合計が 320m^2 になるとき，道の幅を xm として 2 次方程式をつくり，道の幅を求めなさい。

こう考える ➡ (2) 道を端に移動したとして考えてみよう。

図3

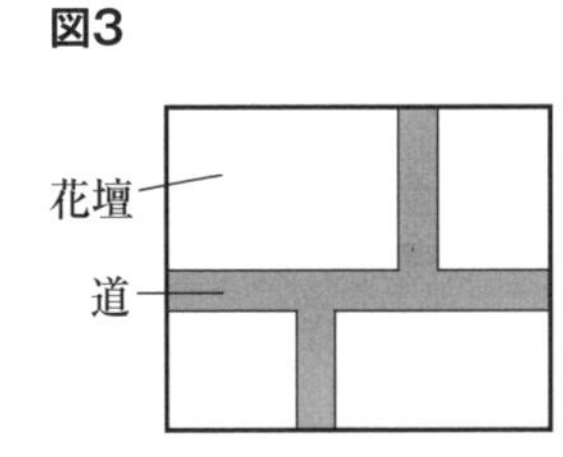

関数編

グラフの問題，くじけそう…

ここに注目で攻略

「式」か「座標」のどっちかを見ればよい！

例題 1　変域の問題

関数 $y=\frac{1}{2}x^2$ について，x の変域が $-2 \leqq x \leqq 4$ のとき，y の変域を求めなさい。

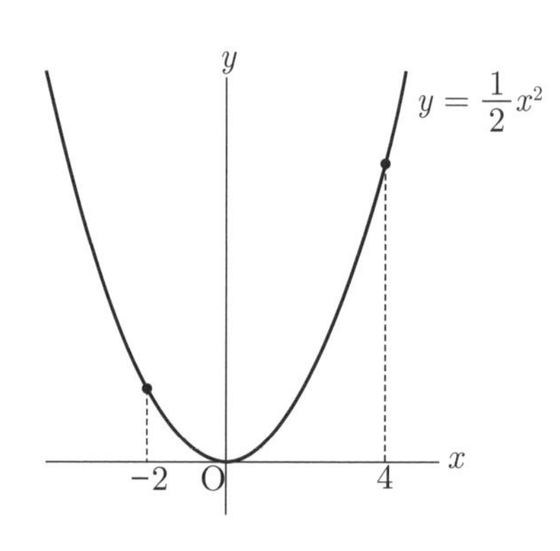

こう考える　●変域を求めたい → 座標 の位置に注目

x が -2 から 4 までの値をとるときの，y の最小値，最大値を考える。

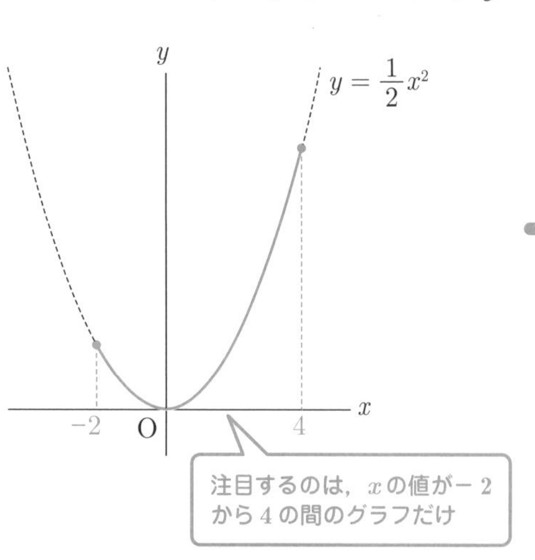

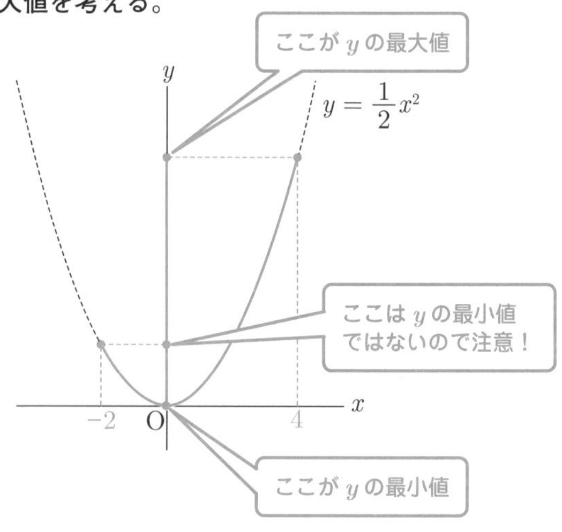

グラフより，y の最小値は 0

y の最大値は，$x=4$ に対応する y の値なので，$y=\frac{1}{2}x^2$ に $x=4$ を代入して，$y=\frac{1}{2}\times 4^2=8$

よって，y の変域は，$0 \leqq y \leqq 8$

答え　$0 \leqq y \leqq 8$

例題2　座標を求める問題，グラフの式を求める問題

右の図のように，関数 $y=\frac{1}{2}x^2$ のグラフ上に，点A(−2，2)と x 座標が4である点Bがある。また，直線ABと x 軸との交点をCとする。原点をOとして，次の問いに答えなさい。〈長崎県　一部抜粋〉

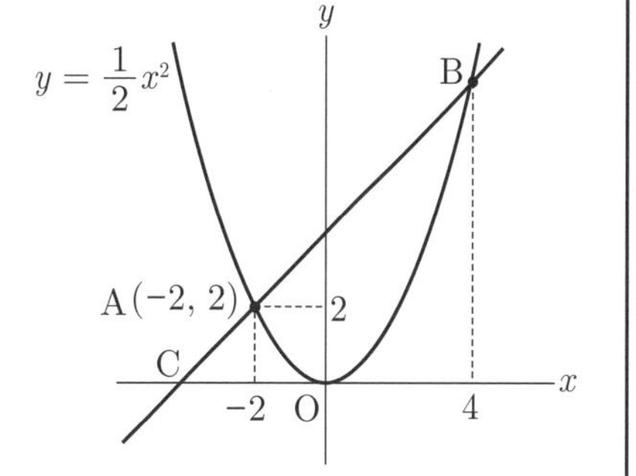

(1)　点Bの y 座標を求めなさい。

(2)　直線ABの式を求めなさい。

こう考える　求めたいものによって，注目するところは次の通り。

- 点の 座標 を求めたい　→　グラフの 式 に注目
- グラフの 式 を求めたい　→　点の 座標 に注目

(1)　点の 座標 を求めたいので，グラフの 式 に注目する。

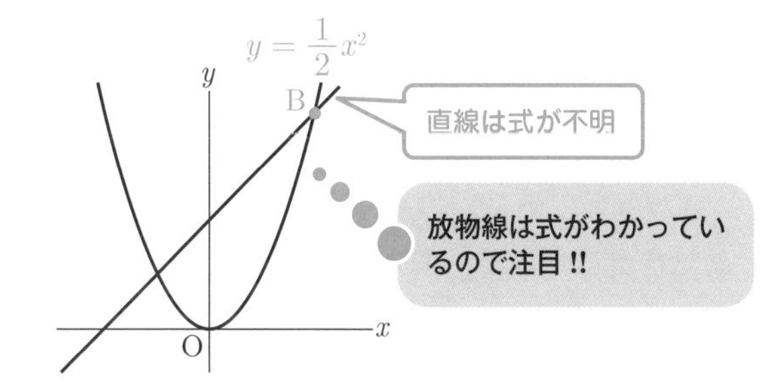

放物線 $y=\frac{1}{2}x^2$ の式に，

点Bの x 座標の $x=4$ を代入して，

$y=\frac{1}{2}\times4^2=8$

(2)　グラフの 式 を求めたいので，点の 座標 に注目する。

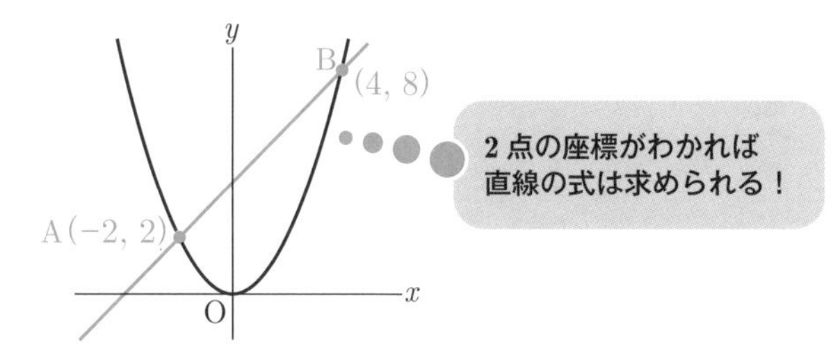

直線ABの式を，$y=ax+b$ とすると，

2点A(−2，2)，B(4，8)がわかっているので，

傾きは，$a=\frac{8-2}{4-(-2)}=1$

$y=x+b$ に，$x=-2$，$y=2$ を代入して，

$2=-2+b$，$b=4$

よって，$y=x+4$

答え　(1)　8　　(2)　$y=x+4$

入試問題にチャレンジ

答え ➡ 別冊P.10

1 右の図で，点Oは原点，曲線ℓは関数$y=\frac{1}{4}x^2$のグラフを表している。曲線ℓ上にある点をPとする。このとき，点Pのx座標をa，y座標をbとする。aのとる値の範囲が$-5 \leqq a \leqq 4$のとき，bのとる値の範囲を不等号を使って，
□$\leqq b \leqq$□で表しなさい。〈東京都　一部抜粋〉

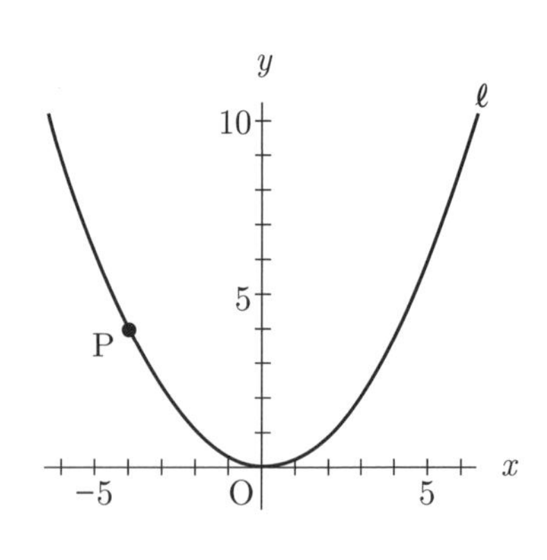

2 関数$y=2x^2$について，次の問いに答えなさい。〈山形県　一部抜粋〉

(1) 0でないxの値を3倍すると，対応するyの値は何倍になるか，求めなさい。

(2) xの変域が$-3 \leqq x \leqq a$のとき，yの変域は$2 \leqq y \leqq b$である。a，bの値をそれぞれ求めなさい。

チャレンジ (2) 簡単なグラフをかいて考えよう。

3 右の図において，㋐は関数 $y = ax^2$ のグラフで，㋐上に2点 A$(-2,\ 2)$，B$(6,\ b)$がある。次の問いに答えなさい。
〈島根県　一部抜粋〉

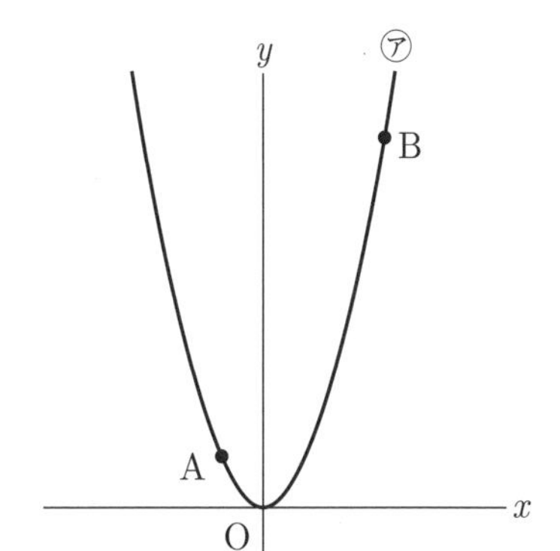

(1) 次の①，②に答えなさい。

① aの値を求めなさい。

② bの値を求めなさい。

(2) 2点A，Bを通る直線の傾きを求めなさい。ただし，答えだけでなく，式や途中の計算も書きなさい。

こう考える (1) 点Aの座標がわかっているので，aの値が求められる。aの値がわかれば，bの値が求められる。

4 右の図のように，2つの関数 $y = \frac{1}{3}x^2$…①，$y = ax^2$…②のグラフがある。2点A，Bは①上に，点Cは②上にある。点Aのx座標は-3であり，点Bと点Aのy座標は等しい。また，点Cの座標は$(-3,\ -9)$である。次の問いに答えなさい。〈佐賀県　一部抜粋〉

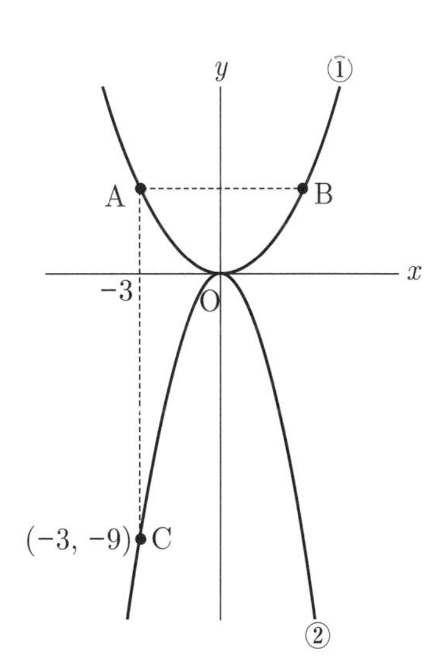

(1) aの値を求めなさい。

(2) 点Bの座標を求めなさい。

(3) 直線BCの式を求めなさい。

三角形がグラフの中にあると混乱する

丸暗記で攻略

底辺と高さのとり方を覚えれば コワクナイ！

例題 1 **座標平面上の三角形の面積を求める問題**

右の図のように，関数 $y=\frac{1}{2}x^2$ のグラフ上に 2 点 A(－4, 8)，B(2, 2)がある。次の問いに答えなさい。〈徳島県〉

(1) 2 点 A，B を通る直線の式を求めなさい。

(2) △AOB の面積を求めなさい。

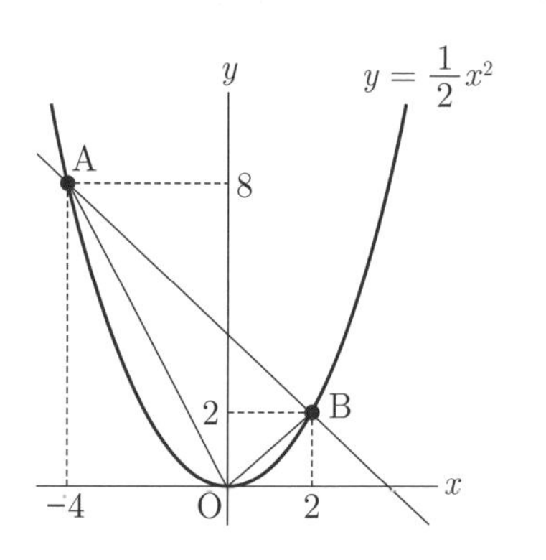

こう考える 座標平面上にある三角形の面積の求め方は，次の 3 パターンを覚えておこう。

は覚える

① 頂点の 1 つが原点の場合 → x 軸上，y 軸上に底辺と高さをとる

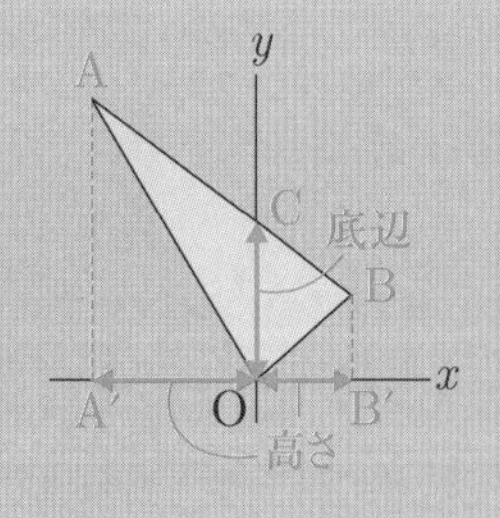

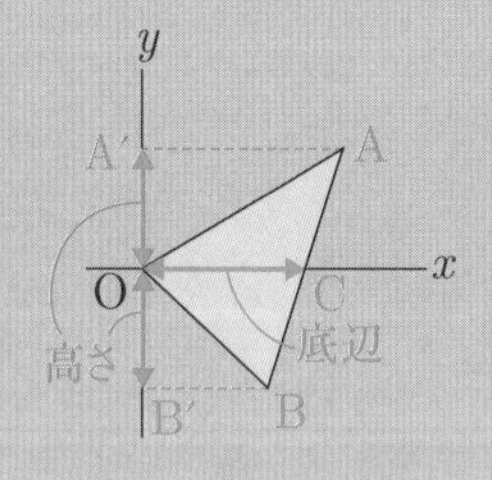

$\triangle OAB = \triangle OAC + \triangle OBC$

$= \frac{1}{2} \times OC \times (OA' + OB')$

② 頂点の 1 つが軸上にある場合
→ 大きい図形から引く

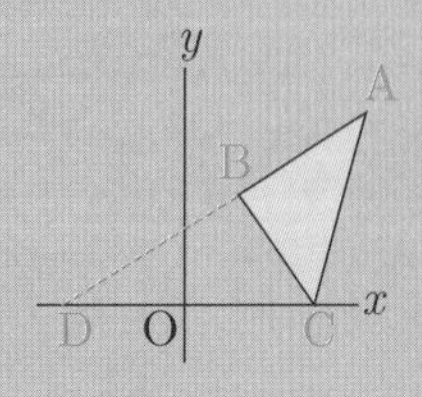

$\triangle ABC = \triangle ADC - \triangle BDC$

③ 辺の 1 つが軸と平行の場合
→ 軸に平行な辺を底辺とする

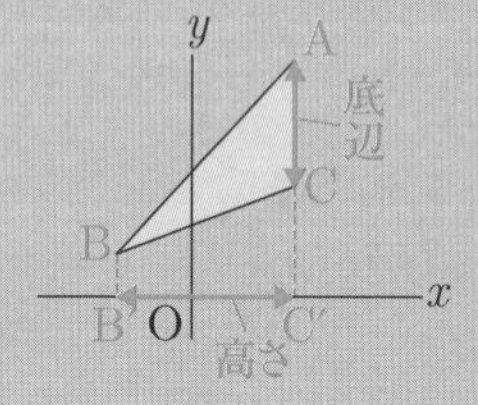

$\triangle ABC = \frac{1}{2} \times AC \times B'C'$

(1)　A(− 4, 8), B(2, 2)を通る直線なので，傾きは，$\frac{2-8}{2-(-4)}=-1$

$y=-x+b$に，$x=2$，$y=2$を代入して，

$2=-2+b$，$b=4$

よって，$y=-x+4$

(2)　**△ AOB は，頂点の 1 つが原点なので，左ページの①のパターンで求める。**

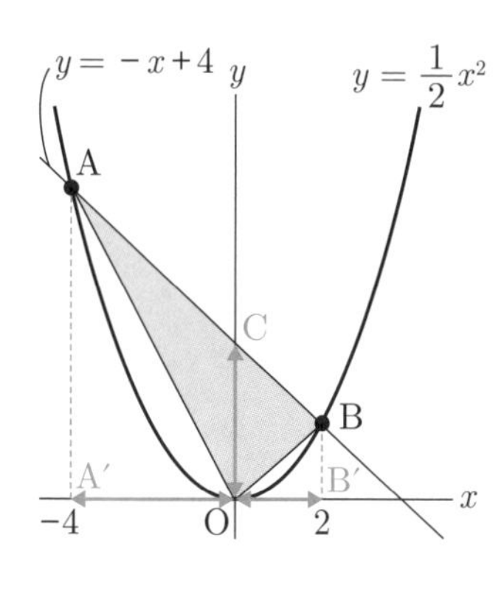

直線 AB と y 軸との交点を C，
点 A，点 B を通って y 軸に平行な直線と，
x 軸との交点をそれぞれ A′，B′ とすると，

△ AOB $=\frac{1}{2}\times$ OC $\times$ (OA′ + OB′)

で求められる。

OA′ = 4，OB′ = 2，OC = 4 なので，
求める面積は，

$\frac{1}{2}\times4\times(4+2)=12$

答え　(1)　$\boldsymbol{y=-x+4}$　(2)　**12**

例題2 座標平面上の三角形の面積を二等分する問題

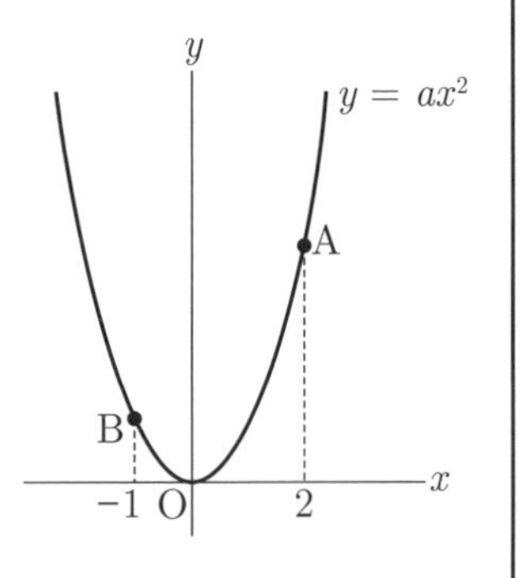

右の図のように $y = ax^2$ のグラフがある。A，B はグラフ上の点で，x 座標はそれぞれ 2 と -1 である。このとき，次の問いに答えなさい。

〈石川県　一部抜粋〉

(1) $y = ax^2$ のグラフが点 $(-2, 3)$ を通るとき，a の値を求めなさい。

(2) $a = 2$ のとき，点 B を通り△OAB の面積を二等分する直線の式を求めなさい。なお，途中の計算も書くこと。

こう考える　三角形の面積を二等分する直線の求め方は，次の 2 パターンを覚えておこう。

① 直線が三角形の頂点のうち 1 点を通る場合
→ その頂点と向かい合う辺の中点を通る

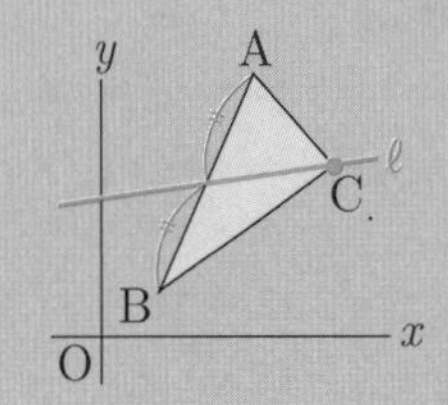

辺 AB を底辺とみており，底辺を二等分していればよい。

② もとの図形の面積が分かっている場合
→ 分かっている面積の $\frac{1}{2}$ になる図形をつくる

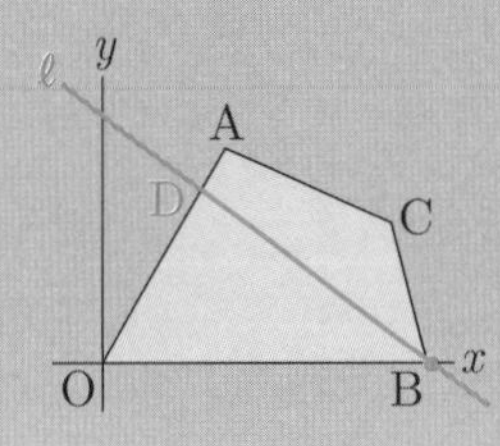

四角形 AOBC の面積が S のとき，△OBD の面積が $\frac{1}{2}S$ となる直線を考えればよい。

面積を求めやすい図形をつくれることが多い。

(1) $y = ax^2$ に $x = -2$，$y = 3$ を代入して，$3 = a \times (-2)^2$，$4a = 3$，$a = \frac{3}{4}$

(2) 三角形をつくる 1 つの頂点 B を通り，面積を二等分する直線なので，上のパターン①を使う。

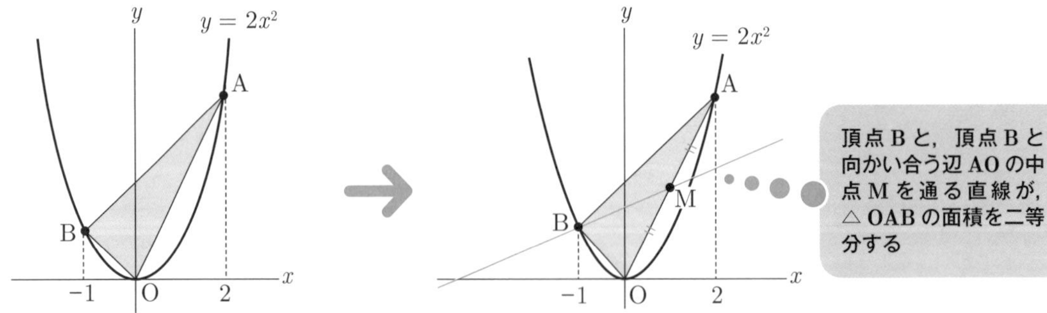

$a = 2$ のとき，点 A の y 座標は，$y = 2 \times 2^2 = 8$　　よって，A(2, 8)

点 B の y 座標は，$y = 2 \times (-1)^2 = 2$　　よって，B$(-1, 2)$

辺 AO の中点 M の座標は，$\left(\frac{2+0}{2}, \frac{8+0}{2}\right)$ より，M(1, 4)

直線 BM の傾きは，$\frac{4-2}{1-(-1)} = 1$　よって，$y = x + b$ とおける。

これに，点 M の座標より，$x = 1$，$y = 4$ を代入すると，

$4 = 1 + b$，$b = 3$　　したがって，$y = x + 3$

裏ワザ
P(a, b)，Q(c, d) の中点の座標は，$\left(\frac{a+c}{2}, \frac{b+d}{2}\right)$

答え　(1) $a = \frac{3}{4}$　(2) $y = x + 3$（途中の計算は，上の解説を参照）

入試問題にチャレンジ

答え ➡ 別冊 P.11

1 右の図のように，関数 $y=\frac{1}{2}x^2$ のグラフ上に 2 点 A，B があり，x 座標はそれぞれ -2，4 である。このとき，次の問いに答えなさい。〈佐賀県　一部抜粋〉

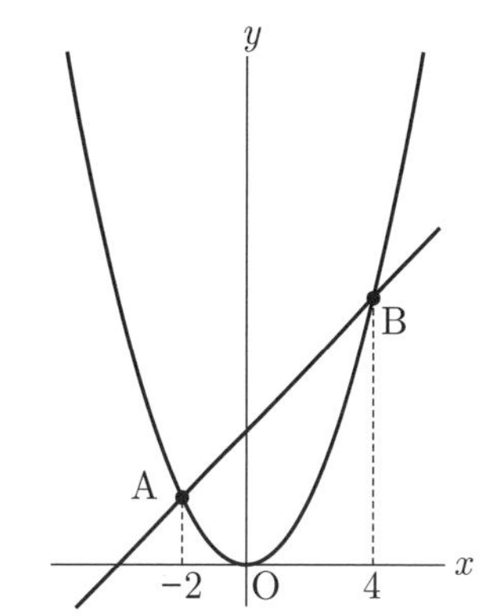

(1) 点 A の y 座標を求めなさい。

(2) 直線 AB の式を求めなさい。

(3) △ OAB の面積を求めなさい。

こう考える (3) 頂点の 1 つが原点なので，x 軸上，y 軸上に底辺と高さをとる。

2 右の図のように，関数 $y=x^2$ のグラフ上に，2 点 A，B があり，A，B の x 座標はそれぞれ 3，-2 である。また，直線 AB と y 軸との交点を C とする。原点を O として，次の問いに答えなさい。〈長崎県　一部抜粋〉

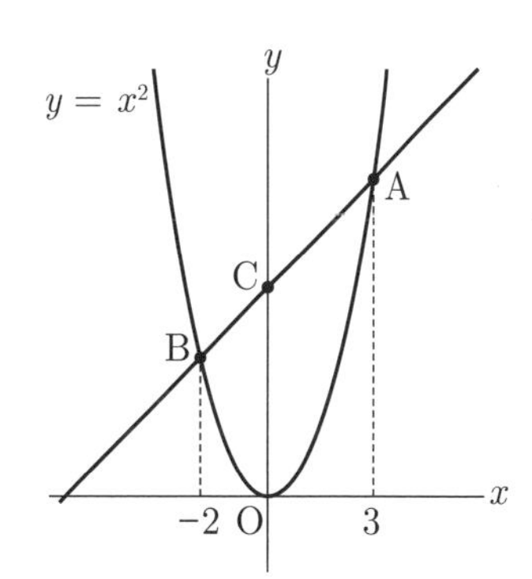

(1) 点 A の y 座標を求めなさい。

(2) 関数 $y=x^2$ について，x の変域が $-2 \leqq x \leqq 1$ のときの y の変域を求めなさい。

(3) 直線 AB の式を求めなさい。

(4) △ AOC の面積を求めなさい。

こう考える (4) 頂点の 1 つが原点なので，x 軸上，y 軸上に底辺と高さをとる。

3 右の図のように，2つの関数 $y = ax^2$（aは正の定数）…①，$y = -\frac{1}{2}x^2$…②のグラフがある。②のグラフ上に点Aがあり，点Aの座標を(2，−2)とする。点Oは原点とする。次の問いに答えなさい。〈北海道〉

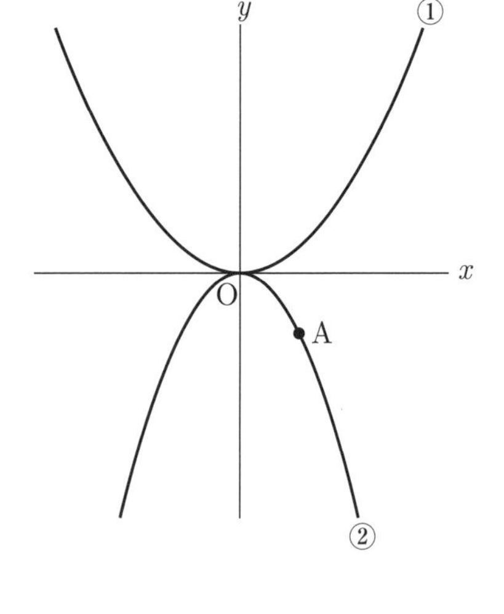

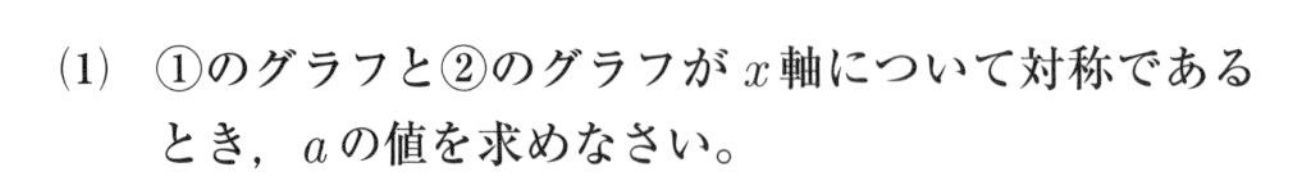

(1) ①のグラフと②のグラフが x 軸について対称であるとき，aの値を求めなさい。

(2) ②のグラフ上に x 座標が−4の点Bをとるとき，2点A，Bを通る直線の式を求めなさい。

(3) $a = \frac{1}{6}$とする。①のグラフ上に x 座標が6の点Cをとるとき，△OACの面積を求めなさい。

4 右の図で，Oは原点，A，Bは関数 $y = ax^2$（aは定数）のグラフ上の点で，Cは直線OB上の点である。点Aの x 座標が−4で，点Bの座標が(2，2)であるとき，次の問いに答えなさい。ただし，点Cの x 座標は正とする。〈愛知県〉

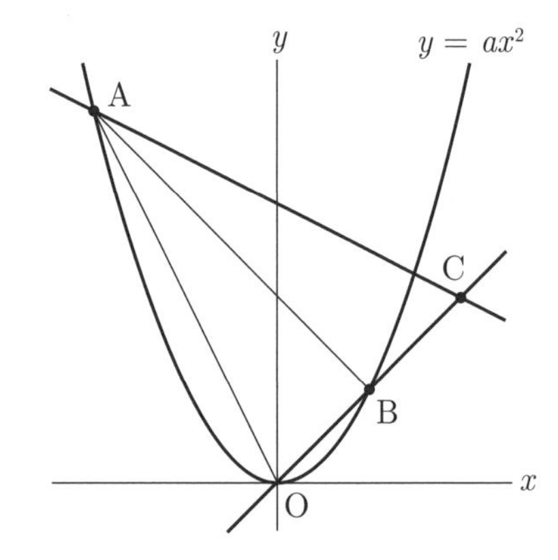

(1) aの値を求めなさい。

(2) △AOCの面積が△AOBの面積の2倍となるとき，直線ACの式を求めなさい。

こう考える (2) 直線ABは，△AOCの面積を二等分する直線になる。

5 右の図において，①は関数 $y = ax^2$，②は関数 $y = bx + 2$ のグラフであり，点A，Bは①と②の交点で，点Aの座標は $(-2,\ 1)$，点Bの x 座標は4である。このとき，次の問いに答えなさい。

〈山梨県〉

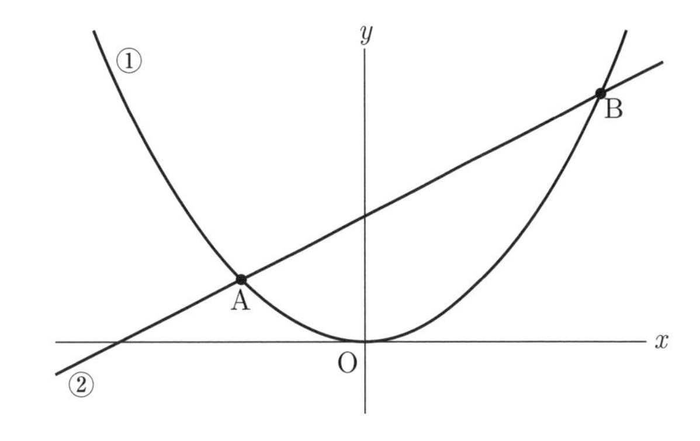

(1) a，b の値を求めなさい。

(2) ①の関数において，x の変域が $-2 \leqq x \leqq 4$ のとき，y の変域を求めなさい。

(3) △AOBの面積を求めなさい。

(4) 次の①，②に答えなさい。

① 直線 $y = 2$ と△AOBの辺ABが交わる点をC，辺OBが交わる点をDとするとき，△BCDの面積を求めなさい。

② 直線 $y = t$ が△AOBの面積を二等分するとき，t の値を求めなさい。

カクカクしたグラフの見方がナゾ

ここに注目で攻略

グラフの変わり目をおさえよう

例題 1 速さのグラフに関する問題

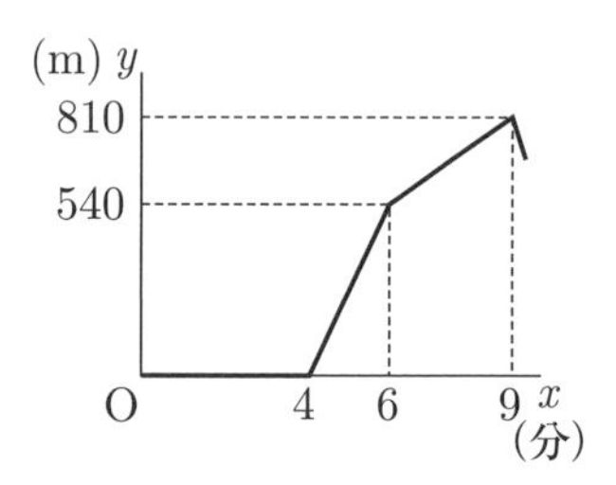

太郎さんは，お父さんと妹の春子さんとランニングをした。3 人は同時に家を出発し，家から駅までの一直線の道路を往復した。太郎さんは途中で休むことなく，行きも帰りも毎分 270m の速さで走り続けた。春子さんも，太郎さんより遅いが一定の速さで走り続けた。①お父さんは，はじめのうちは太郎さんと一緒に走ったが，春子さんとの間の距離がひらいたため②太郎さんを先に行かせ，立ち止まって春子さんを待った。そして，春子さんがお父さんに追いついたあとは③2 人で一緒に走った。家を出発してから x 分後の太郎さんとお父さんとの間の距離を ym とする。右上の図は，x と y の関係を表したグラフの一部である。このとき，次の問いに答えなさい。〈栃木県〉

(1) お父さんが立ち止まって春子さんを待っていたのは何分間か，答えなさい。

(2) 家を出発して 4 分後から 6 分後までの x と y の関係を式で表しなさい。ただし，途中の計算も書くこと。

(3) 駅で折り返して家に向かう太郎さんが，駅に向かうお父さんと春子さんに出会うのは，家を出発してから何分何秒後か，求めなさい。

こう考える 文章中で，変化するところに注目して，グラフと見比べる。

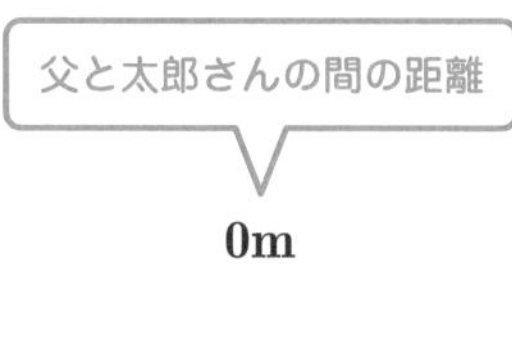

① 父は太郎さんと一緒に走る。

0m

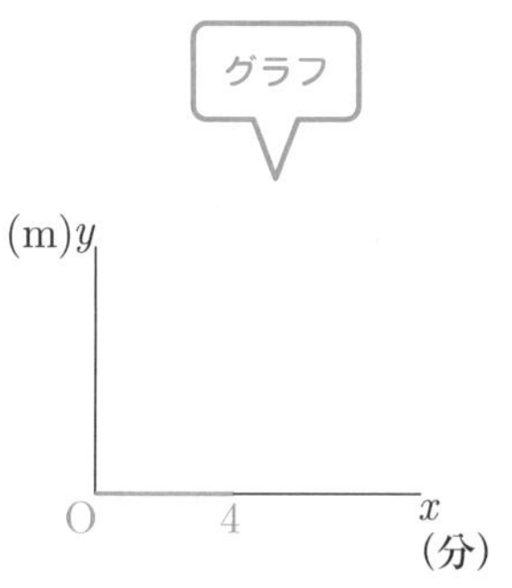

② 父は止まる。（太郎さんは走ったまま）

太郎さんが走る分だけ増えていく。

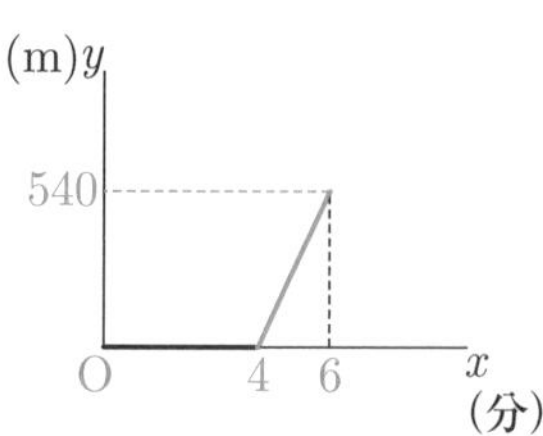

③ **父は春子さんと一緒に走る。（太郎さんは走ったまま）**

太郎さんが走る分と，父と春子さんの走る分の差だけ増えていく。

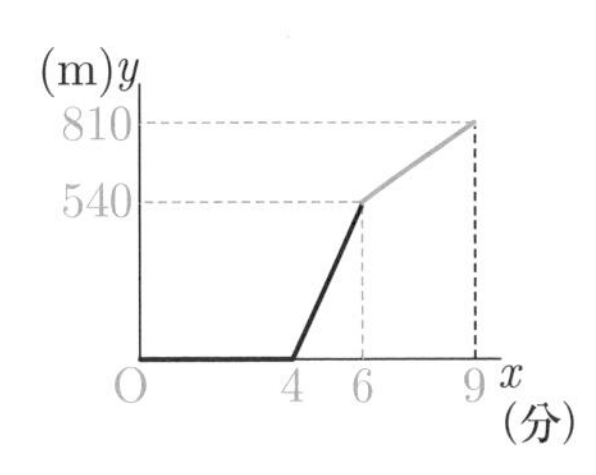

(1) 前ページの①，②より，父が止まったのは，グラフで y が増え始めるとき，つまり出発してから 4 分後である。また③より，父が春子さんと一緒に走り出したのは，出発してから 6 分後なので，父が立ち止まって春子さんを待っていたのは，$6 - 4 = 2$(分間)

(2) **グラフの式を求めるときは，グラフの通る点に注目する。**
4 分後から 6 分後までのグラフは，2 点(4，0)，(6，540)を通っているので，傾きは，

$$\frac{540 - 0}{6 - 4} = 270$$

$y = 270x + b$ に $x = 4$，$y = 0$ を代入して，$0 = 270 \times 4 + b$ より，
$b = -1080$　よって，$y = 270x - 1080$

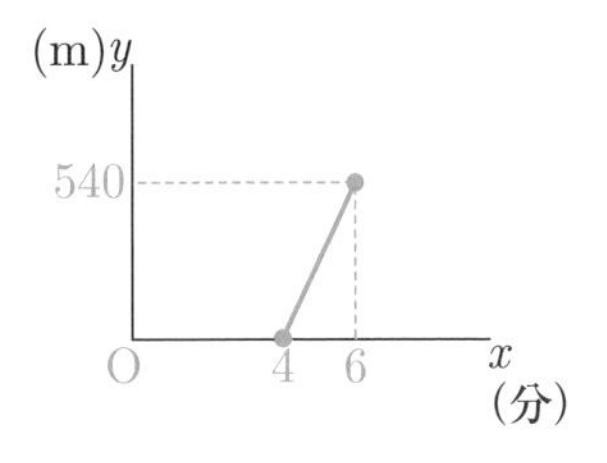

(3)

図1

一緒に走っている
駅に着いた
9 分後の 3 人
家
父
春
太
駅
810m

図2

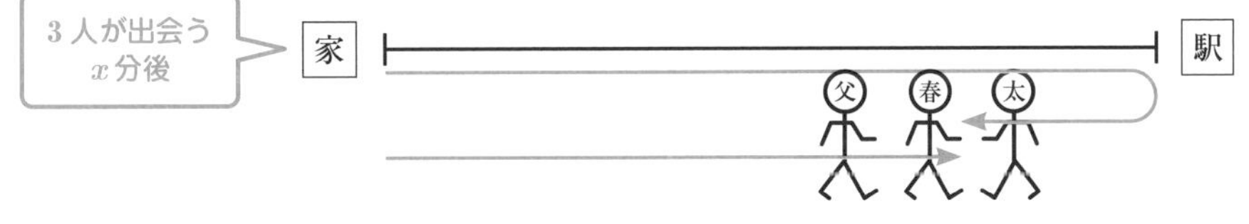

太郎さんは，家を出発してから 9 分で駅に着いているので，家から駅までの道のりは，
$270 \times 9 = 2430$(m)
春子さんの速さを毎分 am とすると，家を出発してから 9 分間での太郎さんの進んだ道のりと春子さんの進んだ道のりの差について，**図1** より，$270 \times 9 - 9a = 810$ となり，これを解くと，$a = 180$
図2 より，3 人が出会うとき，太郎さんが家を出発してから進んだ道のりと春子さんが家を出発してから進んだ道のりの和が，2430×2(m)になるので，家を出発してから x 分後に出会うとすると，

$270x + 180x = 2430 \times 2$，$x = \frac{54}{5}$　よって，10 分 48 秒後

答え (1) **2 分間**　(2) **$y = 270x - 1080$（途中の計算は，上の解説を参照）**
(3) **10 分 48 秒後**

例題2 水そうに水を入れる，水そうから水を抜く問題

図1のように，容積が 360L の貯水タンクと容積が 240L の水そうがある。貯水タンクは満水で，水そうは空(から)である。①排水装置 A を作動させ，貯水タンクの水を一定の割合で水そうに入れる。②水そうが満水になると同時に，排水装置 A は作動させたままで排水装置 B を作動させ，水そうから水があふれないように水そうの水を一定の割合で排水する。**図2**は，貯水タンクから水そうに水を入れ始めてから x 分後の，水そうの水の量を yL として，x と y の関係をグラフに表したものである。このとき，次の問いに答えなさい。

〈山口県〉

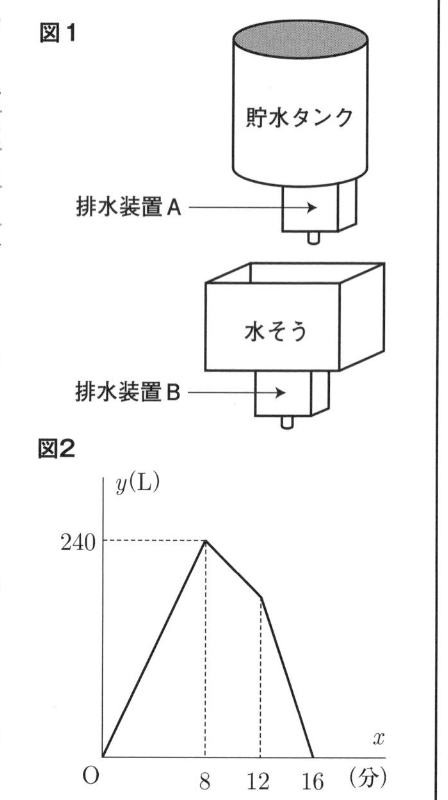

(1) 貯水タンクから水そうに水を入れ始めてから 5 分後の，水そうの水の量を求めなさい。

(2) **図2**のグラフで，12 分後にグラフの傾きが変わったのはなぜか，簡潔に説明しなさい。

(3) 水そうの水は，毎分何 L の割合で排水されたか，求めなさい。

こう考える 問題文とグラフから，問題の状況を理解しよう。

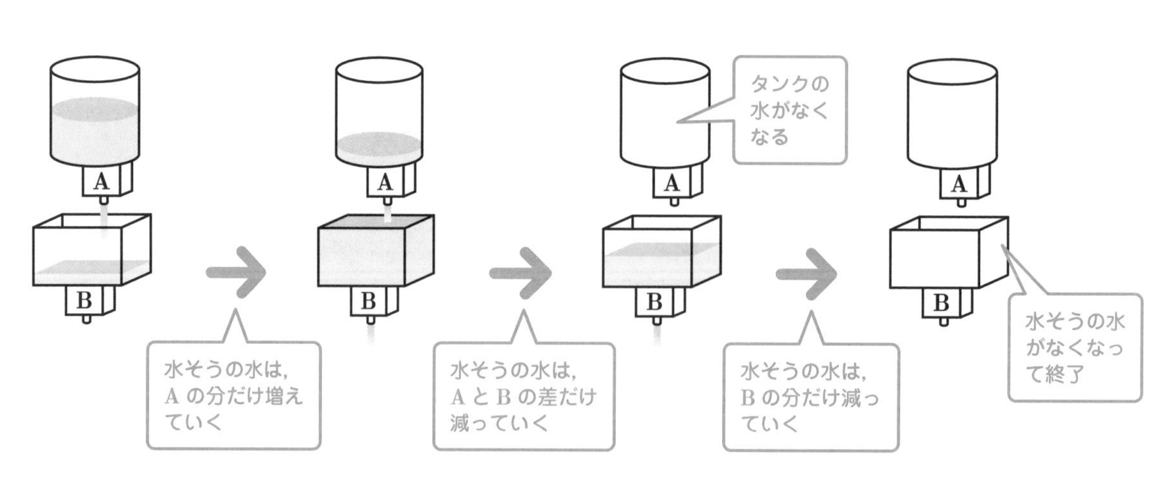

グラフについて，次のように考えることができる。

貯水タンクと水そうの関係	水そうの水の増減	グラフ
① Aのみ作動	水が増えていく	
② AとBが作動	水が減っていく	
②′ Bのみ作動	水が②より速く減っていく	

(1) $x=5$ より，①のグラフに注目する。

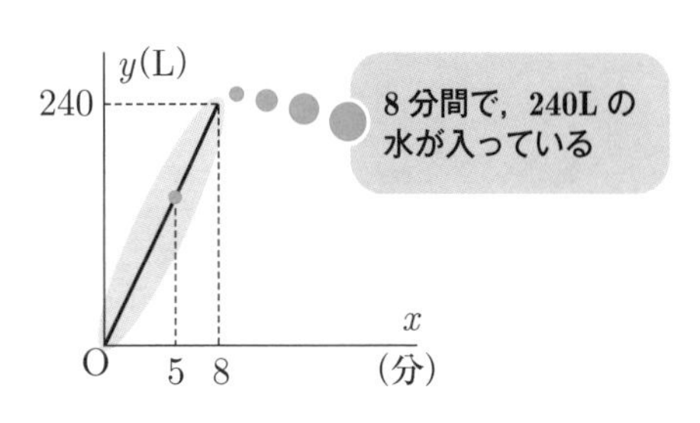

1分間では，240 ÷ 8 = 30(L)の水が入る。よって，30 × 5 = 150(L)

(2) ②′のグラフに注目すると，12分で貯水タンクが空になり，排水装置の作動がAとBだったのが，Bだけになったから，傾きが変わった。

(3) 右のグラフより，最初に貯水タンクに入っている水360Lすべてが，16 − 8 = 8（分間）で排水装置Bによって排水されたことがわかる。
よって，360 ÷ 8 = 45(L/min)

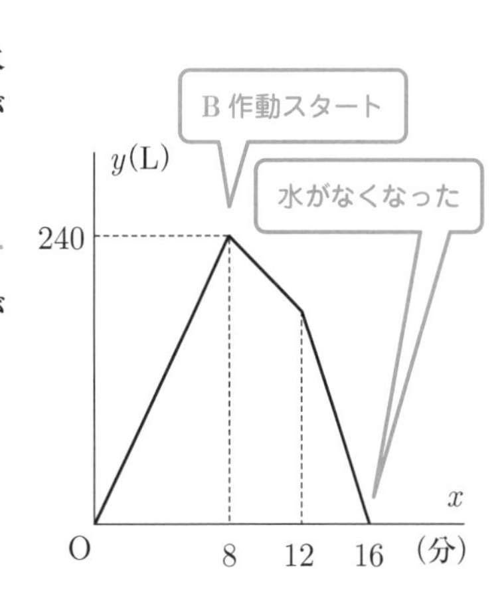

答え (1) **150L** (2) **貯水タンクが空になったから。** (3) **毎分45L**

入試問題にチャレンジ

答え ➡ 別冊 P.14

1 吉川さんは, 国際まんが博の会場から 3000m 離れた自宅まで歩いて帰った。下の図の線分 AB は, 吉川さんが会場を出発してから x 分後の地点から自宅までの距離を ym として, x の変域が $0 \leqq x \leqq 20$ のときの x, y の関係を表したグラフである。このとき, あとの問いに答えなさい。〈鳥取県〉

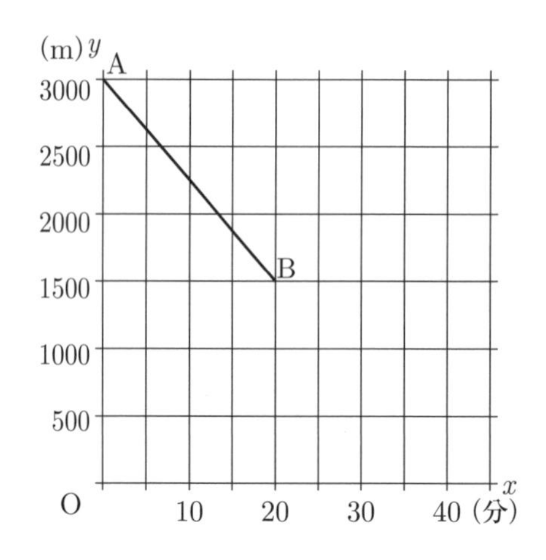

(1) x の変域が $0 \leqq x \leqq 20$ のとき, グラフを読みとり, y を x の式で表しなさい。

(2) 吉川さんが会場を出発してから 20 分後に, 雨が降り出した。吉川さんは, 10 分間立ち止まって雨宿りをしたのち, 急いで自宅に向かったところ, 到着したのは会場を出発してから 40 分後であった。吉川さんは, 雨宿りのあと一定の速さで自宅に向かったものとして, x の変域が $20 \leqq x \leqq 40$ のときの x, y の関係を表すグラフを, 上のグラフの続きにかきなさい。

こう考える (2) 立ち止まった 10 分間のグラフは, x 軸と平行なグラフになる。

2 容積が $12\mathrm{m}^3$ の水そうAと $15\mathrm{m}^3$ の水そうBがある。水そうAには水が $2\mathrm{m}^3$ 入っており，水そうBには水が入っていない。また，水そうAには給水管と排水管がつながっており，水そうBには給水管だけがつながっている。最初に，水そうAの排水管を閉めたまま両方の給水管を同時に開き，4分後に水そうAの排水管を開いて，それぞれの水そうがいっぱいになるまで水を入れた。水そうAと水そうBの給水管からはそれぞれ毎分 $1.5\mathrm{m}^3$ の割合で給水され，水そうAの排水管からは毎分 $1\mathrm{m}^3$ の割合で排水されるとき，次の問いに答えなさい。〈愛知県〉

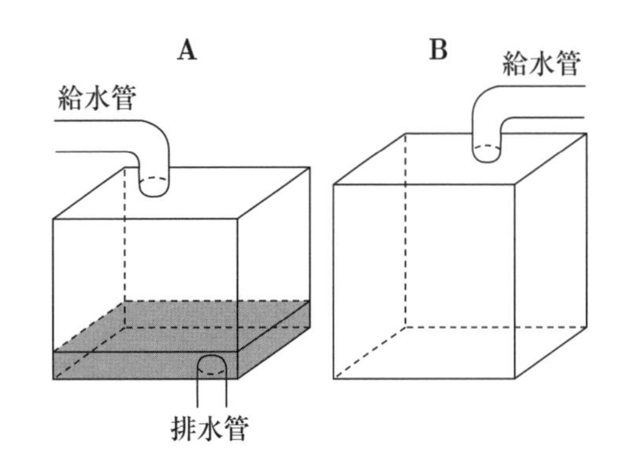

(1) 給水を始めてから x 分後の水そうAの水の量を $y\mathrm{m}^3$ とする。給水を始めてから水そうAがいっぱいになるまでの x，y の関係をグラフに表しなさい。

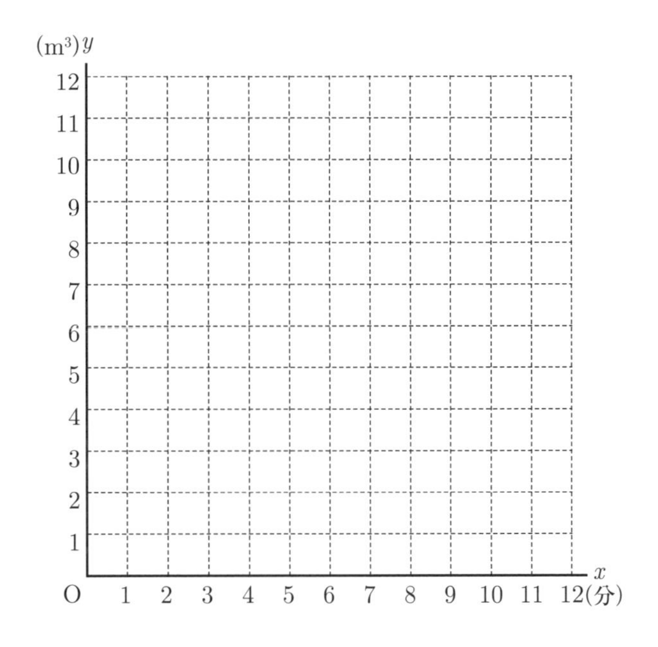

(2) 2つの水そうの水の量が等しくなるのは給水を始めてから何分後か，求めなさい。

こう考える (2) 水そうBについてのグラフもかこう。2つのグラフが交わる点の x 座標の値が，水の量が等しくなった時間である。

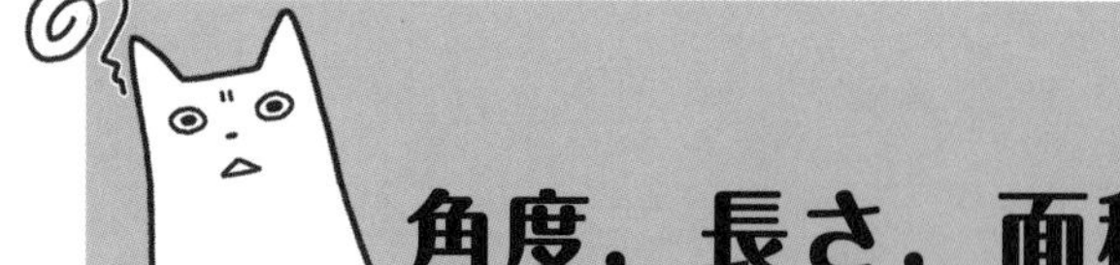

角度，長さ，面積…ひらめかない！

ここに注目で攻略

図のカタチでワザが決まる！

例題1 **角度を求める問題**

(1) **図1**で，△ABCが正三角形で，$\ell \parallel m$のとき，$\angle x$の大きさを求めなさい。〈岩手県〉

(2) **図2**で，3点A, B, Cは点Oを中心とする円の周上にあり，∠BOC = 66°で，AB // OCである。線分ACと線分OBとの交点をDとするとき，∠BDCの大きさを求めなさい。〈山形県〉

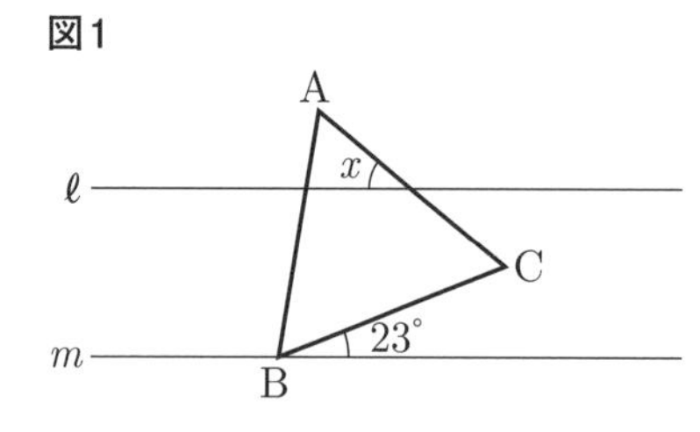

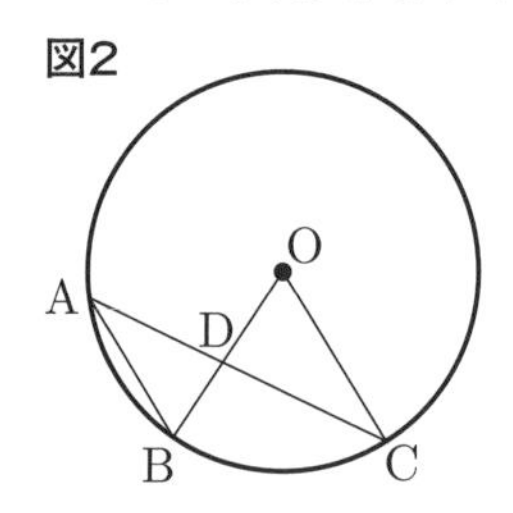

こう考える

・図に「平行線」があれば「同位角・錯角は等しい」を利用
・図に「円」があれば「円周角の定理」を利用

(1) 平行線があるので，「平行線の錯角は等しい」ことを利用する。
わかっている角に注目する。

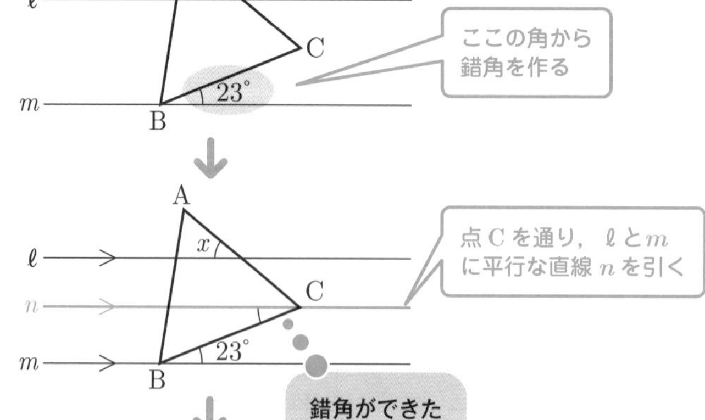

錯角を作る。

角度をかき込む。

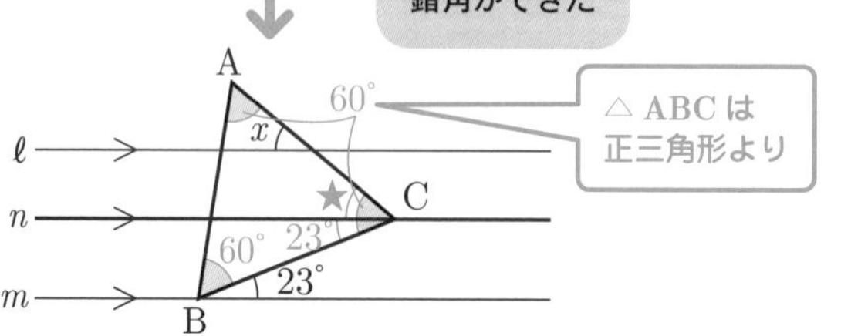

平行線の同位角は等しいので，
$\angle x$は，図の★の角と同じ。
よって，
$\angle x = 60° - 23° = 37°$

(2)　円があるので，「円周角の定理」を利用する。

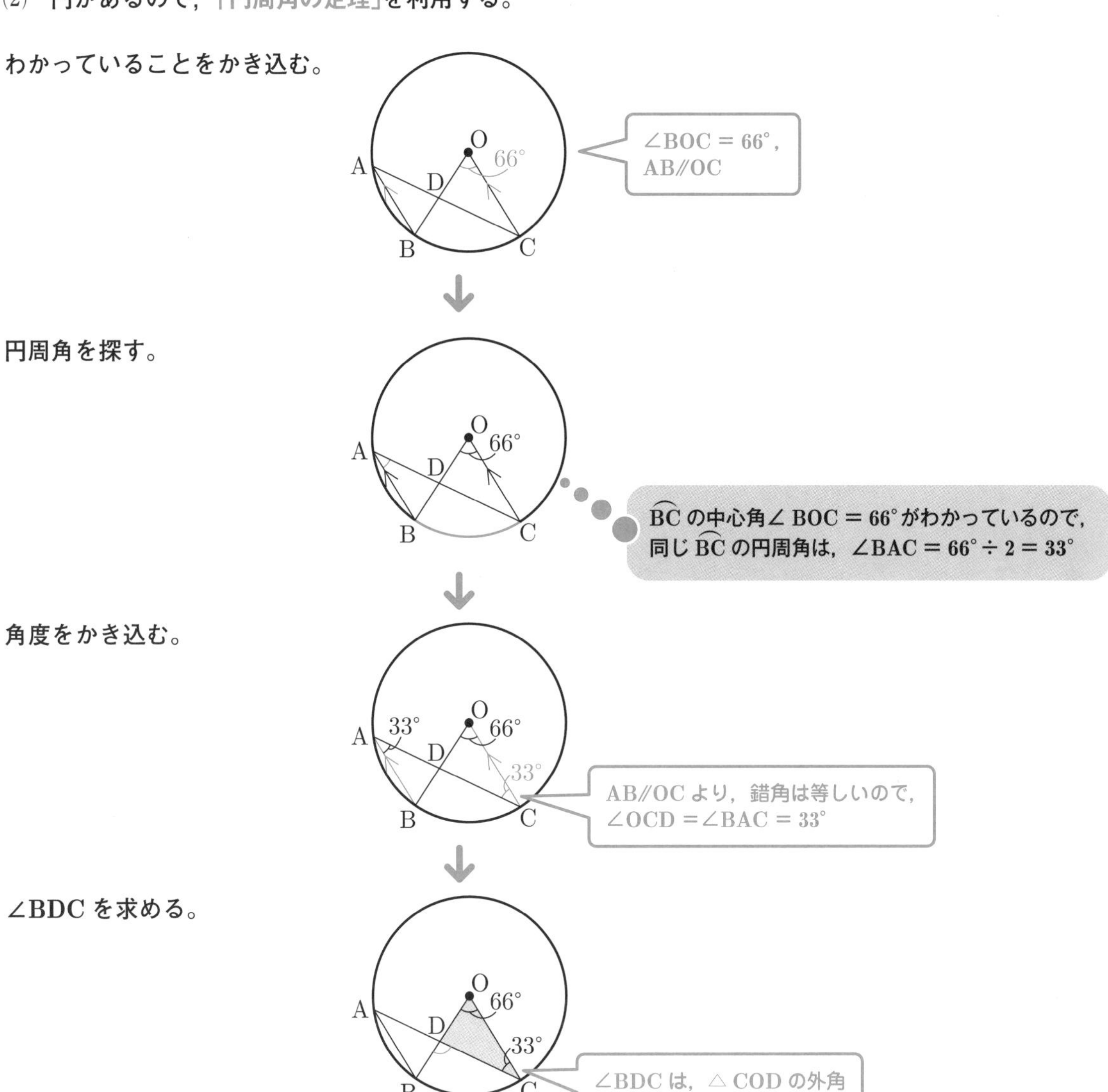

わかっていることをかき込む。
O
66°
A
D
B
C
∠BOC = 66°，
AB∥OC
円周角を探す。
BC の中心角∠ BOC = 66°がわかっているので，
同じ BC の円周角は，∠BAC = 66°÷ 2 = 33°
角度をかき込む。
33°
AB∥OC より，錯角は等しいので，
∠OCD =∠BAC = 33°
∠BDC を求める。
∠BDC は，△ COD の外角

∠BDC は，△ COD の外角である。
三角形の外角は，となり合わない 2 つの内角の和に等しくなるので，
$\angle BDC = \angle COD + \angle OCD = 66^\circ + 33^\circ = 99^\circ$

答え　(1)　**37°**　　(2)　**99°**

例題2 長さを求める問題

次の問いに答えなさい。

(1) 下の**図1**で，四角形 ABCD は正方形であり，E は辺 BC 上の点で，BE：EC = 1：3 である。また，F，G はそれぞれ線分 DB と AE，AC との交点である。線分 FE の長さは線分 AF の長さの何倍か，求めなさい。〈愛知県　一部抜粋〉

(2) 下の**図2**のように，AB = AC = 3cm，∠BAC = 90° の直角二等辺三角形があり，辺 AB 上に AD = 1cm となる点 D を，辺 CA の延長上に AE = 1cm となる点 E をとる。また，CD の延長と BE との交点を F とする。このとき，BE の長さを求めなさい。〈石川県　一部抜粋〉

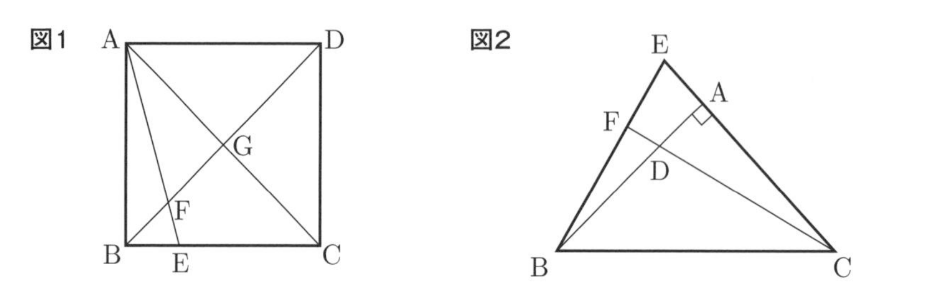

こう考える

- **平行線（正方形，長方形，平行四辺形などを含む）と線分の長さの比が出てきたら，「三角形の相似比」を利用**
- **直角三角形があれば，「三平方の定理」を利用**

(1) **平行線と長さの比があるので，「三角形の相似比」を利用する。**

わかっていることをかき込む。

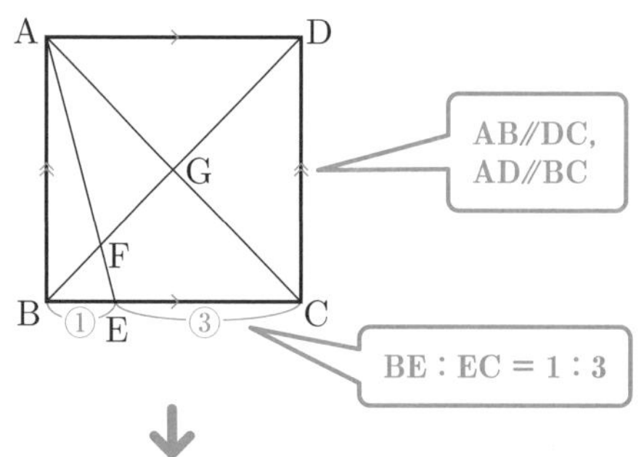

相似な三角形を見つける。

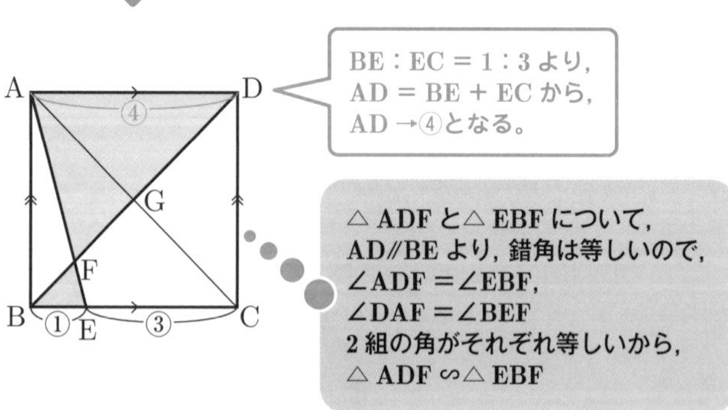

A
D
④
G
F
B
E
C
①
③
BE：EC = 1：3 より，
AD = BE + EC から，
AD →④となる。
△ ADF と△ EBF について，
AD//BE より，錯角は等しいので，
∠ADF =∠EBF，
∠DAF =∠BEF
2 組の角がそれぞれ等しいから，
△ ADF ∽△ EBF

△ ADF と△ EBF について，AD//BE より，∠ADF = ∠EBF，∠DAF = ∠BEF なので，2 組の角がそれぞれ等しいから，△ ADF ∽△ EBF となる。

AF：EF = AD：EB = 4：1 なので，線分 FE の長さは，線分 AF の長さの$\frac{1}{4}$倍である。

(2)　**直角三角形があるので，「三平方の定理」を利用する。**

わかっていることをかき込む。

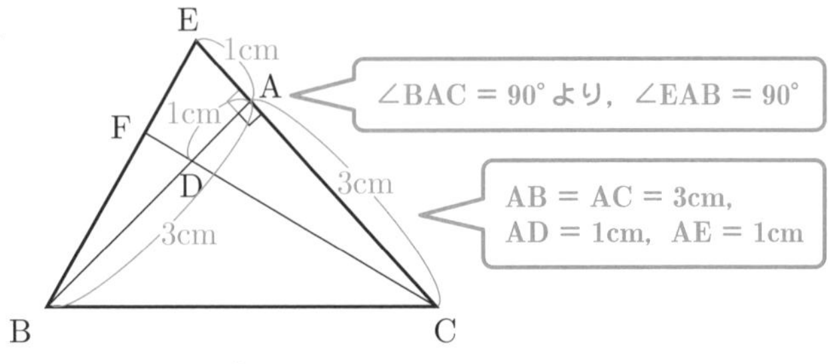
E
1cm
A
∠BAC = 90° より，∠EAB = 90°
F
1cm
3cm
D
AB = AC = 3cm,
AD = 1cm, AE = 1cm
3cm
B
C

直角三角形を探す。

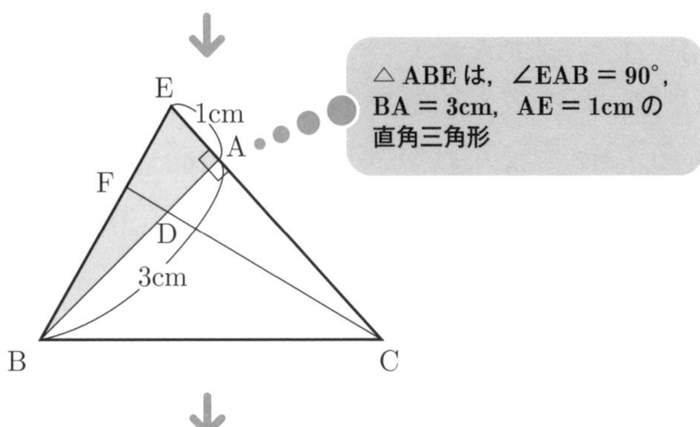
E
1cm
A
△ ABE は，∠EAB = 90°,
BA = 3cm, AE = 1cm の
直角三角形
F
D
3cm
B
C

BE の長さを求める。

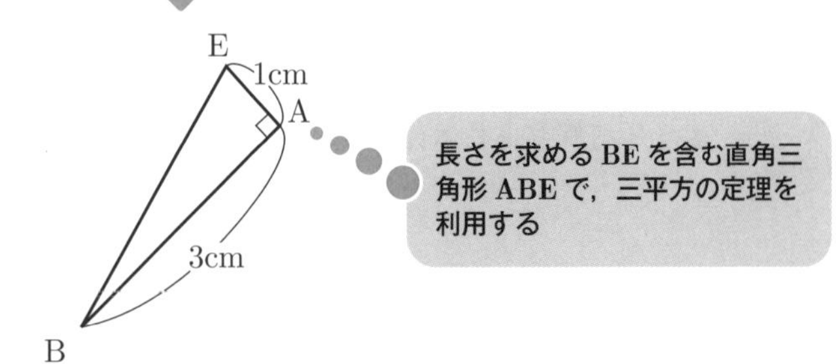
E
1cm
A
長さを求める BE を含む直角三
角形 ABE で，三平方の定理を
利用する
3cm
B

△ ABE について，∠ BAC = 90° より，∠ EAB = 90°
よって，△ ABE は直角三角形。
BA = 3cm，AE = 1cm なので，三平方の定理より，
$BE = \sqrt{BA^2 + AE^2} = \sqrt{3^2 + 1^2} = \sqrt{10}$ (cm)

答え　(1)　$\frac{1}{4}$ 倍　　(2)　$\sqrt{10}$ cm

三平方の定理が
ピッタンコダス。

例題3 面積を求める問題

(1) 下の**図1**で，四角形 ABCD は AD∥BC，∠ABC = 90° の台形で，E は線分 AC と DB との交点である。AB = BC = 6cm，AD = 3cm のとき，△EBC の面積は何 cm^2 か，求めなさい。

〈愛知県〉

(2) 下の**図2**のように，点 O を中心とし，AB を直径とする半円(大きい半円)と，CD を直径とする半円(小さい半円)があり，AB = 12cm，CD = 6cm である。また，E は大きい半円の周上の点で，弦 AE は点 F で小さい半円に接し，AB⊥ED である。このとき，次の問いに答えなさい。〈佐賀県〉

① 線分 AF の長さを求めなさい。

② **図2**の影をつけた部分の面積を求めなさい。

図1

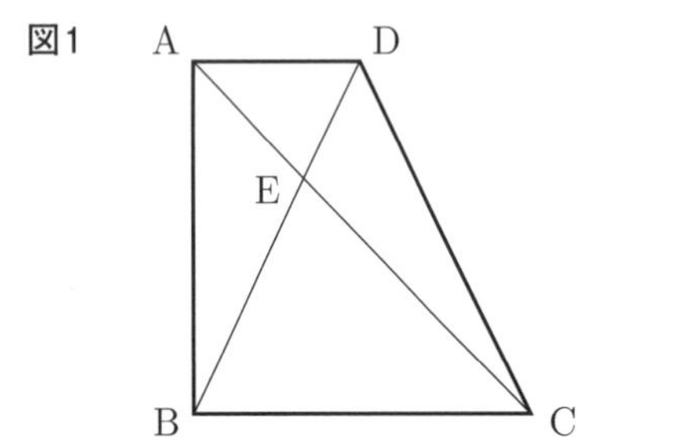

図2

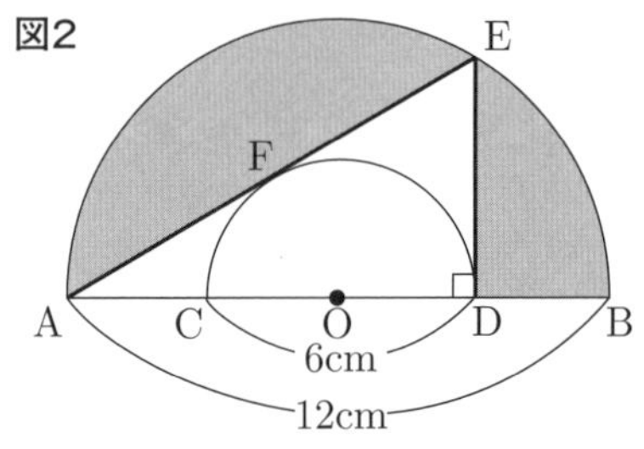

こう考える

- 平行線があれば「三角形の相似比」を利用
- 円(おうぎ形)があれば，直角三角形から「三平方の定理」を利用

(1) 平行線があるので，「三角形の相似比」を利用する。

わかっていることをかき込む。

AD∥BC
∠ABC = 90°
AB = BC = 6cm
AD = 3cm

↓

相似な三角形を見つける。

△ADE と△CBE について，
AD∥BC より，錯角は等しいので，
∠ADE = ∠CBE，∠DAE = ∠BCE
2 組の角がそれぞれ等しいから，△ADE ∽ △CBE
よって，AE : CE = AD : CB = 3 : 6 = 1 : 2

ココは覚える

面積の比
△ABD : △ACD
= BD : CD

↓

△ABC に注目する。

△ABE : △EBC
= AE : CE = 1 : 2
よって，
△EBC = $\frac{2}{3}$ × △ABC

△ ABC の面積は，$\frac{1}{2} \times 6 \times 6 = 18(\text{cm}^2)$

面積の比△ ABE：△ EBC は，底辺の長さの比 AE：CE に等しいので，1：2

よって，求める△ EBC の面積は，$18 \times \frac{2}{3} = 12\,(\text{cm}^2)$

(2) ① **半円があるので，「三平方の定理」を利用する。**

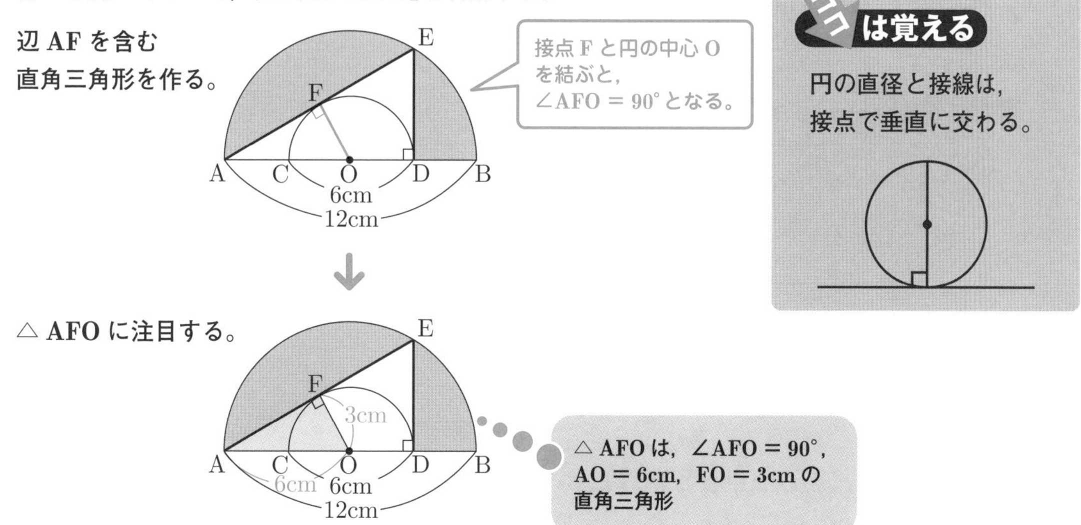

辺 AF を含む
直角三角形を作る。
E
F
A
C
O
D
B
6cm
12cm
接点 F と円の中心 O
を結ぶと，
∠AFO = 90° となる。
コツは覚える
円の直径と接線は，
接点で垂直に交わる。
△ AFO に注目する。
3cm
6cm
△ AFO は，∠AFO = 90°，
AO = 6cm，FO = 3cm の
直角三角形

接点 F と円の中心 O を結ぶと，△ AFO は∠AFO = 90°，AO = 6cm，FO = 3cm の直角三角形となる。

よって，三平方の定理より，$\text{AF} = \sqrt{\text{AO}^2 - \text{FO}^2} = \sqrt{6^2 - 3^2} = \sqrt{27} = 3\sqrt{3}\,(\text{cm})$

② **△ ADE の面積を考える。**

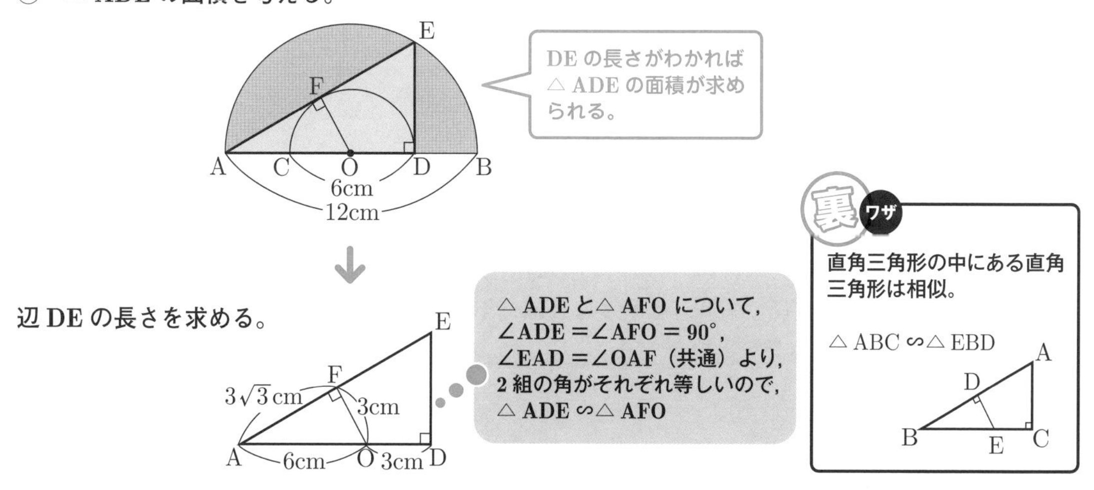

△ ADE と△ AFO について，∠ADE = ∠AFO = 90°，∠EAD = ∠OAF より，2 組の角がそれぞれ等しいので，△ ADE ∽△ AFO

よって，AD：AF = DE：FO，$9 : 3\sqrt{3} = \text{DE} : 3$，$\text{DE} = 3\sqrt{3}\,(\text{cm})$

したがって，影をつけた部分の面積は，$\underbrace{\pi \times 6^2 \times \frac{1}{2}}_{\text{大きいほうの半円}} - \underbrace{\frac{1}{2} \times 9 \times 3\sqrt{3}}_{\triangle \text{ADE}} = 18\pi - \frac{27\sqrt{3}}{2}\,(\text{cm}^2)$

答え (1) **12cm²**　(2) ① **$3\sqrt{3}$ cm**　② **$\left(18\pi - \frac{27\sqrt{3}}{2}\right)\text{cm}^2$**

入試問題にチャレンジ

答え ➡ 別冊 P.16

1 右の図で，2 直線 ℓ，m は平行であり，△ ABC は，AB = AC の二等辺三角形である。また，頂点 A，C はそれぞれ ℓ，m 上にある。∠ x の大きさを求めなさい。〈奈良県〉

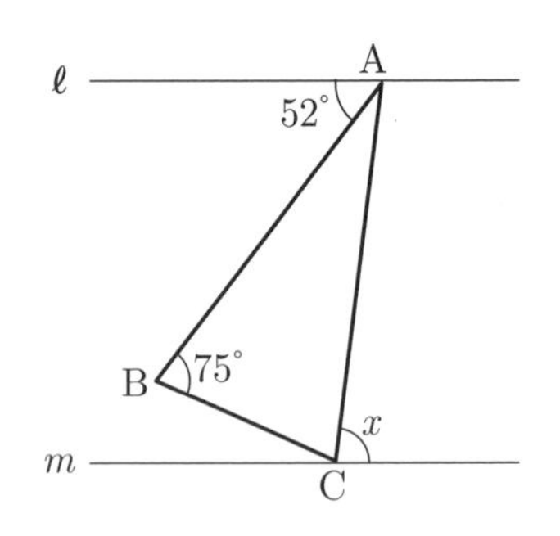

こう考える ➡ AB = AC より，∠ACB = 75°
$\ell \parallel m$ だから錯角が等しい。

2 右の図のように，点 O を中心とする円があり，点 A，B，C は円周上の点である。∠BAC = 54° のとき，∠ x の大きさを求めなさい。〈秋田県〉

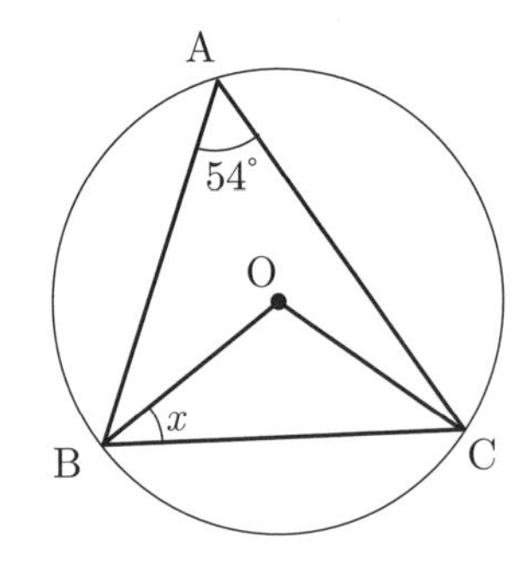

こう考える ➡ △ OBC は OB = OC の二等辺三角形。

3 右の図において，4 点 A，B，C，D は円 O の周上にある。また，線分 AC は円 O の直径であり，線分 AB と線分 DC が平行であるとき，∠ x の大きさを求めなさい。ただし，点 O は円の中心である。〈沖縄県〉

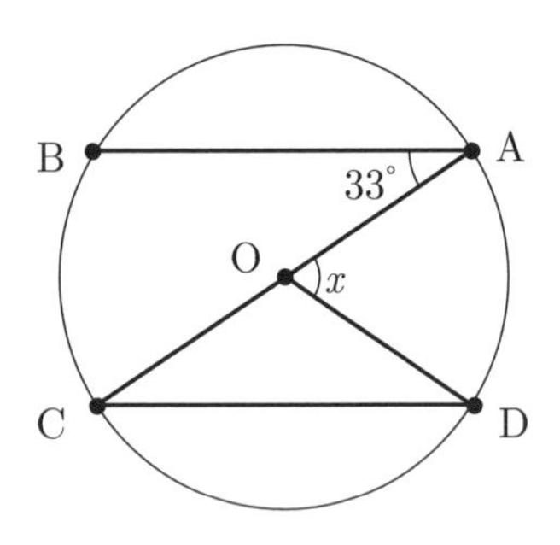

4 右の図は，線分 AB を直径とする半円で，点 O は AB の中点である。3 点 C, D, E は $\overset{\frown}{AB}$ 上にあって，△CDO は線分 CE を対称の軸とする線対称な図形である。∠COB = 38° であるとき，∠BDO の大きさを求めなさい。〈熊本県〉

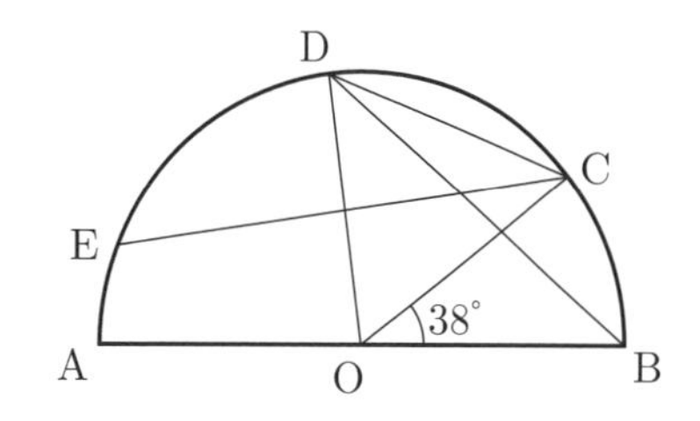

こう考える　線分 CE は対称の軸だから，CD = CO となり，△CDO は正三角形。

5 右の図で，AD は円 O の直径であり，∠BAD = 25° のとき，∠x の大きさを求めなさい。〈和歌山県〉

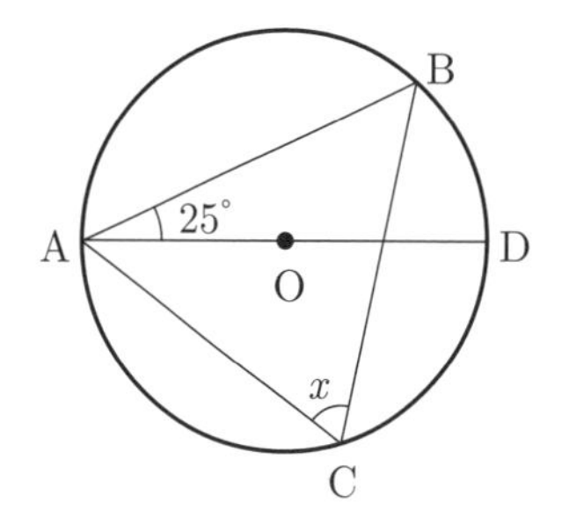

こう考える　AD は円 O の直径だから，∠ABD = 90°

6 右の図のように，円 O の外の点 P から中心 O を通る直線を引き，円との交点を点 P に近い方からそれぞれ点 A, B とする。また，点 P から円 O に接線を 1 本引き，その接点を点 C とする。さらに，点 B からこの接線に垂線を引き，円 O との交点を D，接線との交点を E とする。∠APC = 32° のとき，∠DCE の大きさ x を求めなさい。〈埼玉県〉

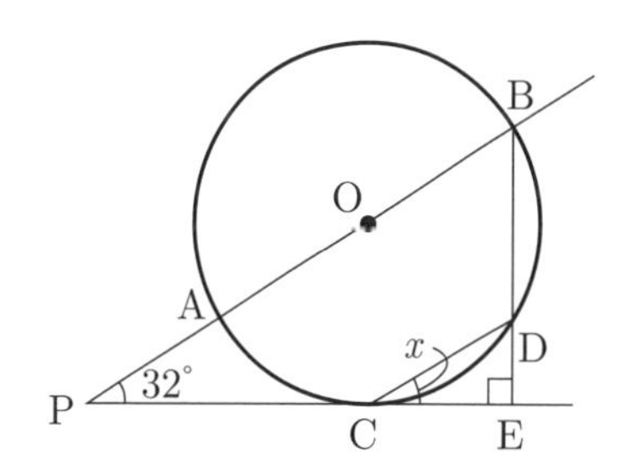

チャレンジ　半円の弧である $\overset{\frown}{AB}$ に対する円周角より，∠ADB = 90° だから，AD∥PE。補助線を引いて，x と同じ大きさの角を探す。

7 右の図で，四角形 ABCD は正方形，E は辺 DC 上の点で，

$DE = \frac{1}{3}EC$ であり，F は線分 AE と DB との交点である。また，G は辺 BC 上の点で，$AE \perp FG$ である。AB = 10cm のとき，線分 AF の長さは線分 AE の長さの何倍か，求めなさい。

〈愛知県　一部抜粋〉

こう考える　相似な三角形を見つけて，相似比で解こう。

8 右の図のように，円周上にそれぞれ線分で結ばれた 4 点 A，B，C，D があり，AC と BD の交点を E とする。$\overset{\frown}{AD} = \overset{\frown}{CD}$ のとき，次の各問いに答えなさい。〈栃木県〉

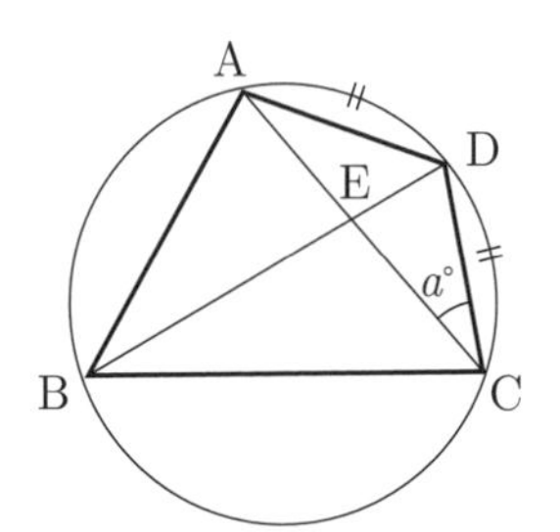

(1) $\angle ACD = a°$ とするとき，$\angle ABC$ の大きさを a を用いて表しなさい。

(2) BE = 12cm，ED = 3cm のとき，CD の長さを求めなさい。

こう考える　(1) $\overset{\frown}{AD} = \overset{\frown}{CD}$ より，$\angle ACD = \angle DBC$ となる。
(2) $\triangle BDC \backsim \triangle CDE$ を利用して，相似比で解こう。

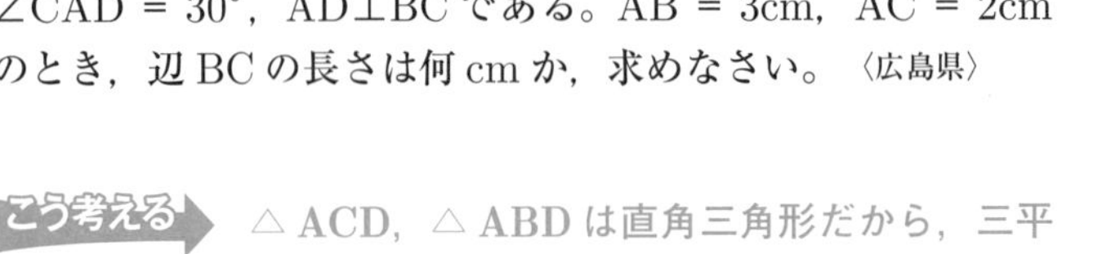

9 右の図のように，△ABC の辺 BC 上に点 D があり，$\angle CAD = 30°$，$AD \perp BC$ である。AB = 3cm，AC = 2cm のとき，辺 BC の長さは何 cm か，求めなさい。〈広島県〉

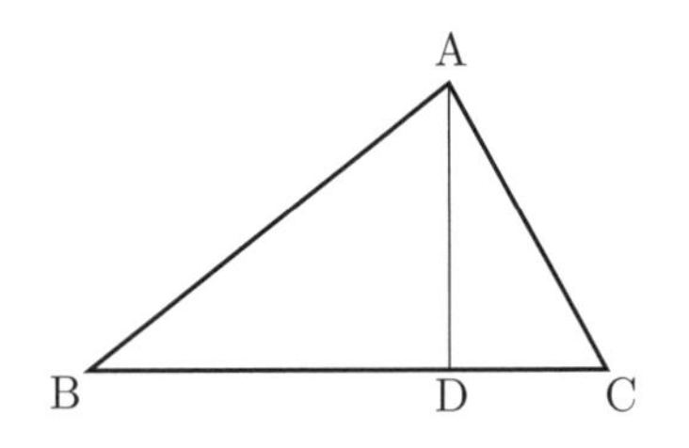

こう考える　△ACD，△ABD は直角三角形だから，三平方の定理で辺の長さを求めよう。

10 右の図のように，AD//BC で，AD = 5cm，BC = 10cm，DC = 8cm，∠BDC = 90° の台形 ABCD がある。対角線の交点 P を通り BC に平行な直線を引き，AB，DC との交点をそれぞれ Q，R とする。このとき，QR の長さを求めなさい。

〈長野県　一部抜粋〉

11 右の図のように，円 O の周上に 4 点 A，B，C，D がこの順にあり，線分 BD は円 O の直径で，AB = $2\sqrt{5}$ cm，AD = 4cm である。2 点 C，O を通る直線が線分 AB と交わり，その交点を E とし，∠AEC = 90° とする。また，線分 AC と線分 BD との交点を F とする。このとき，線分 BD の長さを求めなさい。〈京都府　一部抜粋〉

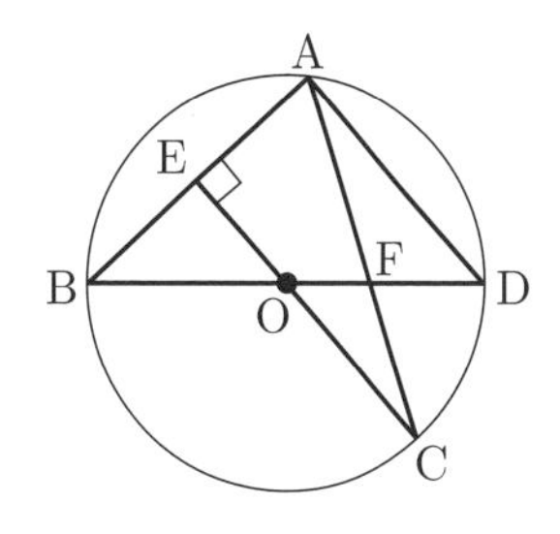

12 右の図のように，正三角形 ABC の辺上に点 P，Q，R，S がある。四角形 PQRS が 1 辺 2cm の正方形であるとき，正三角形 ABC の 1 辺の長さを求めなさい。〈北海道〉

線分 BQ，RC の長さを求める。

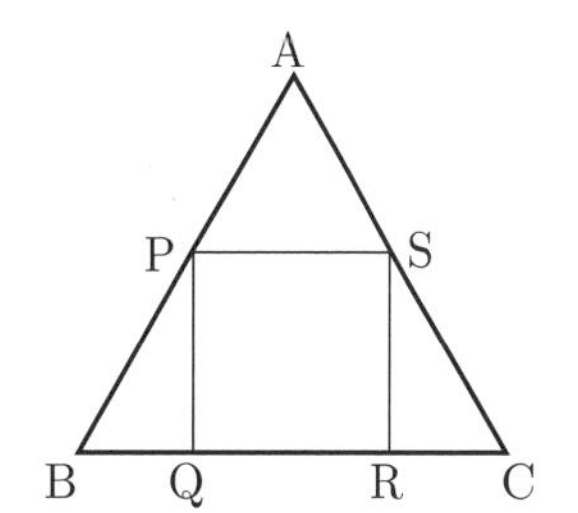

13 右の図のように，平行四辺形 ABCD がある。点 E は辺 BC 上の点で，BE : EC = 1 : 2 である。点 F は辺 CD の中点である。このとき，四角形 AECF の面積は平行四辺形 ABCD の面積の何倍か，求めなさい。〈秋田県〉

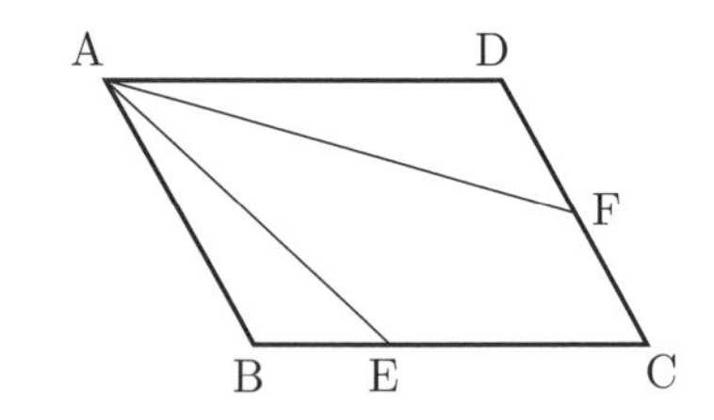

こう考える 平行四辺形 ABCD の面積を 1 として，1 から△ ABE と△ ADF の面積を引く。

14 右の図のように，円 O と 1 辺の長さが 4cm の正方形 ABCD がある。辺 AB は点 E で円 O に接し，点 C，D は円 O の周上にある。このとき，次の各問いに答えなさい。ただし，円周率は π とする。

〈佐賀県〉

(1) 円 O の半径を $x$cm とするとき，x の値を求めなさい。

(2) 右の図で，影をつけた部分の面積を求めなさい。

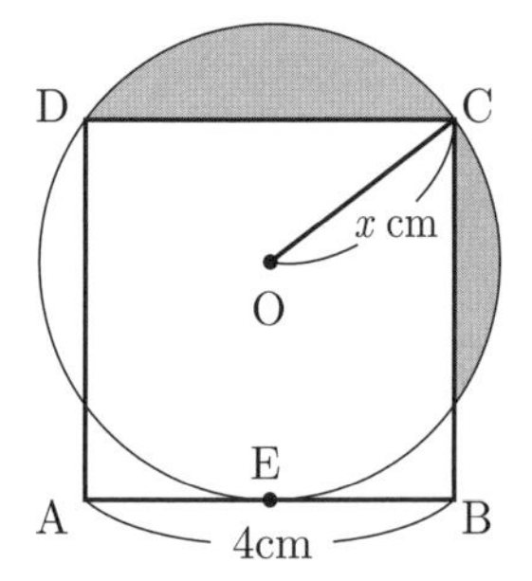

こう考える (1) 点 O から辺 BC に垂線を引く。
(2) 半円の面積から三角形の面積を引く。

15 右の図のような，おうぎ形がある。$\overset{\frown}{AB}$ 上に，2 点 A，B と異なる点 C をとり，点 C と点 O を結ぶ。点 A から直線 OB に垂線を引き，その交点を D とし，点 C から直線 OB に垂線を引き，その交点を E とする。OA = 3cm，∠AOC = 50°，∠BOC = 20° であるとき，線分 AD, DE, EC，および $\overset{\frown}{CA}$ で囲まれた部分の面積は何 cm^2 か。なお，円周率には π をそのまま用いなさい。〈香川県〉

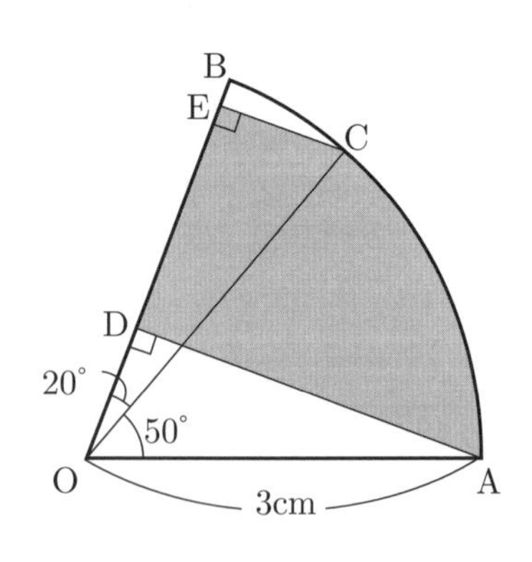

こう考える 求める面積がどこの面積と等しいか考える。

16 右の図のように，AD = 3cm，BC = $2\sqrt{2}$cm，CD = $\sqrt{2}$cm，∠BCD = 90°の四角形 ABCD があり，∠BAC = ∠BDC である。線分 AC と線分 BD の交点を E とする。このとき，次の各問いに答えなさい。〈京都府〉

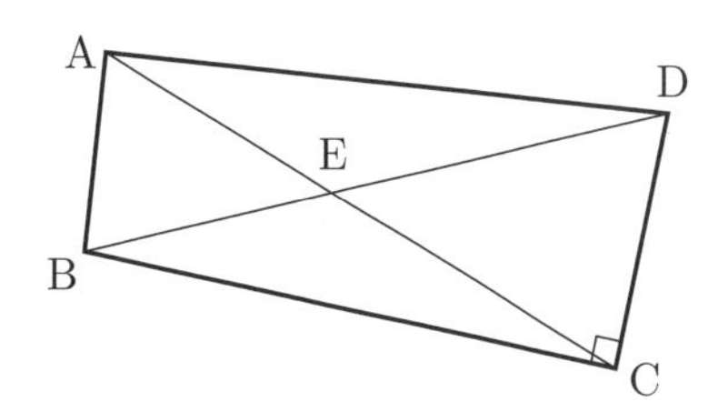

(1) 線分 BD の長さを求めなさい。

(2) △EAB と△EDC の面積の比を最も簡単な整数の比で表しなさい。また，△EBC と△EAD の面積の比を最も簡単な整数の比で表しなさい。

(3) △EAB の面積を求めなさい。

17 右の図のように，点 O を中心とし PQ を直径とする半径 3cm の円と，点 P を中心とし，PO を半径とする円との交点を A，B とする。このとき，線分 QA，線分 QB，点 O を含む $\overset{\frown}{AB}$ で囲まれた斜線部分の図形の面積を求めなさい。ただし，円周率は π とする。〈鳥取県〉

図を分解して斜線部分の面積を求めよう。

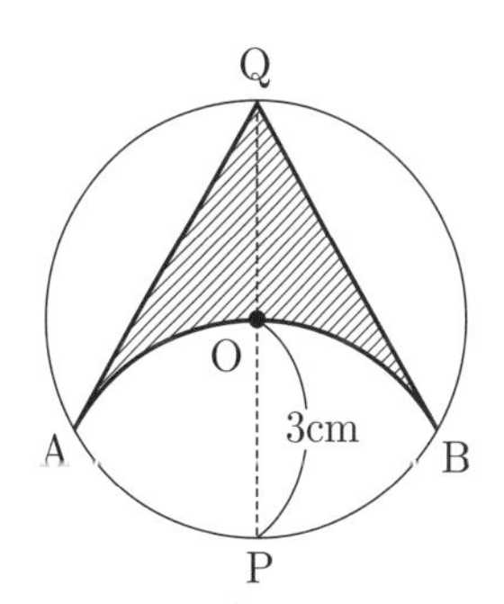

平面図形編

作図のやり方が思いうかばない

丸暗記で攻略

「線分の垂直二等分線」か「角の二等分線」しかない！

例題 作図の問題

(1) **図1**のように三角形 ABC がある。2つの頂点 A，B から等しい距離にある辺 BC 上の点 P を，定規とコンパスを用いて作図しなさい。〈秋田県〉

(2) **図2**で，△ABC は，鋭角三角形である。この図をもとにして，辺 AC 上にあり，辺 AB と辺 BC までの距離が等しい点 P を，定規とコンパスを用いて作図によって求め，点 P の位置を示す文字 P も書きなさい。〈東京都〉

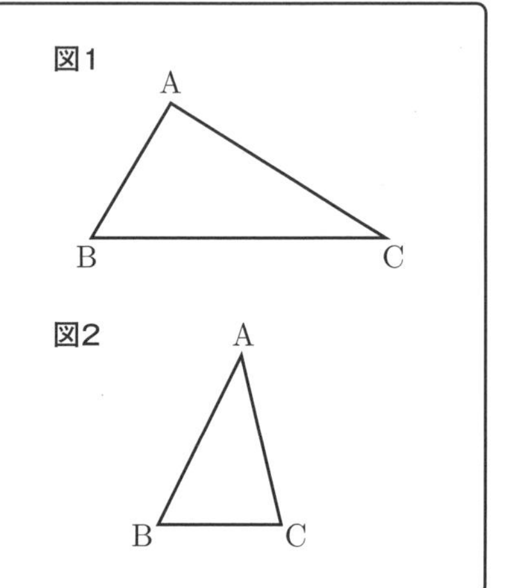

こう考える

・2 点からの距離が等しいときは，線分の垂直二等分線の作図
・2 つの直線(辺)からの距離が等しいときは，角の二等分線の作図

(1) 「2 つの頂点 A，B から等しい距離にある…」とあるので線分の垂直二等分線の作図。
点 A，B から等しい距離の直線をかく。

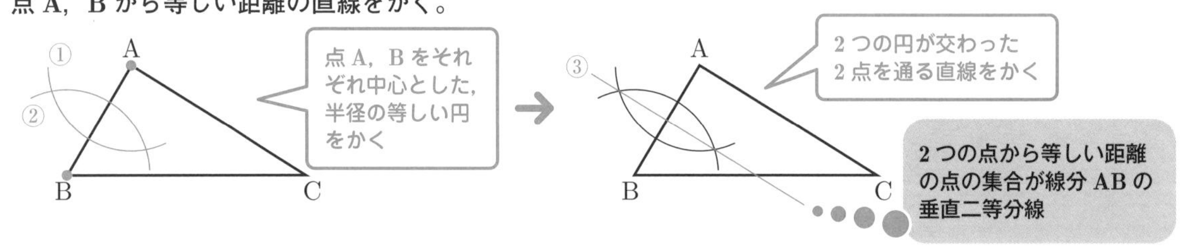

(2) 「辺 AB と辺 BC までの距離が等しい…」とあるので角の二等分線の作図。
辺 AB と辺 BC から等しい距離にある点を結んだ直線をかく。

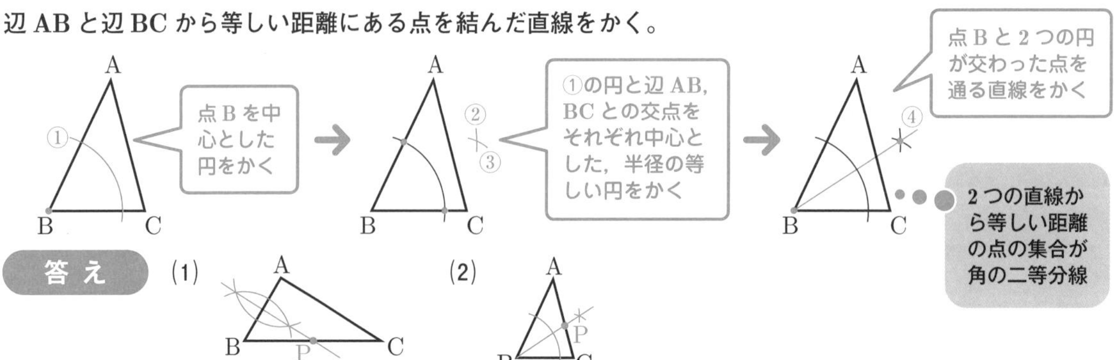

入試問題にチャレンジ

答え ➡ 別冊 P.19

1 下の図で，直線 ℓ 上にあって，2 点 A，B から等しい距離にある点を，作図によって求めなさい。ただし，作図には定規とコンパスを用い，作図に使った線は消さないでおくこと。〈岩手県〉

こう考える 「2 点から等しい距離」に注目する。

ℓ

B

A

2 下の図のような△ ABC がある。2 辺 AB, BC に接し, AC 上に中心がある円の中心 O を作図によって求めなさい。ただし，作図には定規とコンパスを使い，また，作図に用いた線は消さないこと。

〈栃木県〉

こう考える 2 辺に接するということは距離が等しいということ。

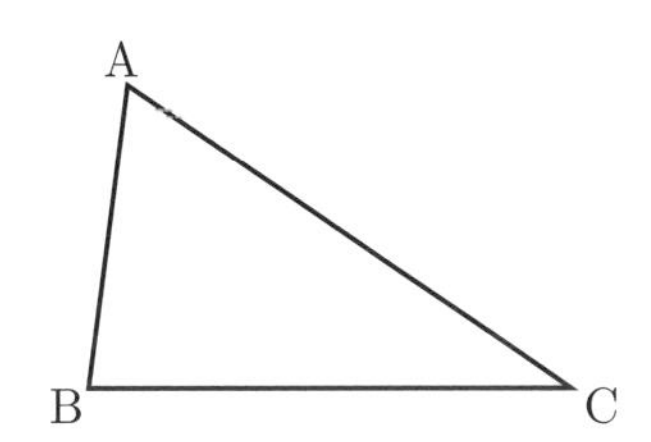

3 下の図のように，2 直線 ℓ，m は点 A で垂直に交わっている。次の [　　] の中に示した条件①と条件②の両方にあてはまる円の中心 O を作図しなさい。

> 条件①　円の中心 O は直線 ℓ 上にある。
> 条件②　円 O は，点 B を通り，点 A で直線 m に接する。

ただし，作図には定規とコンパスを使用し，作図に用いた線は残しておくこと。〈静岡県〉

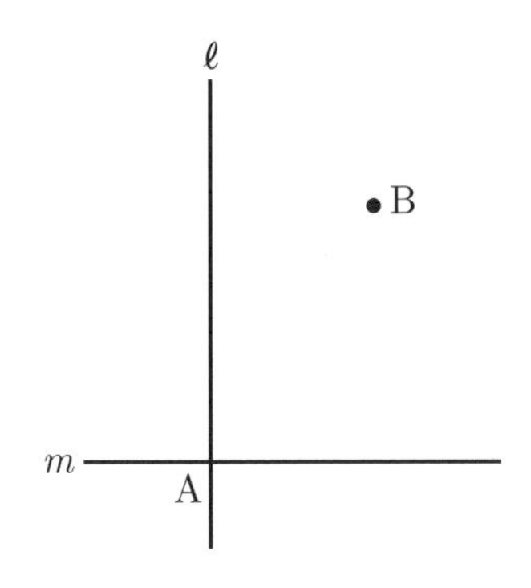

平面図形編

どう証明すればいいの？

丸暗記で攻略

▶▶▶▶書き方の型にはめろ！

例題1 合同の証明の問題

平行四辺形ABCDについて，点BとDを結んで対角線を引いた。
このとき，△ABD≡△CDBとなることを証明しなさい。 〈山梨県〉

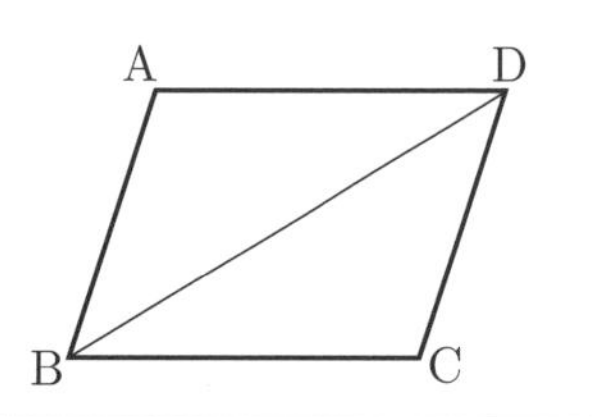

こう考える ① 合同条件を探す ② 証明の型にあてはめて文章にする

① 合同条件を探す
わかっていることをかき込む。

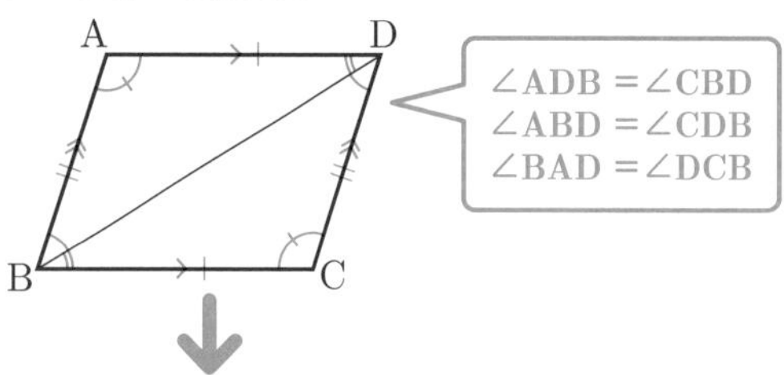

どの合同条件が使えるか考える。

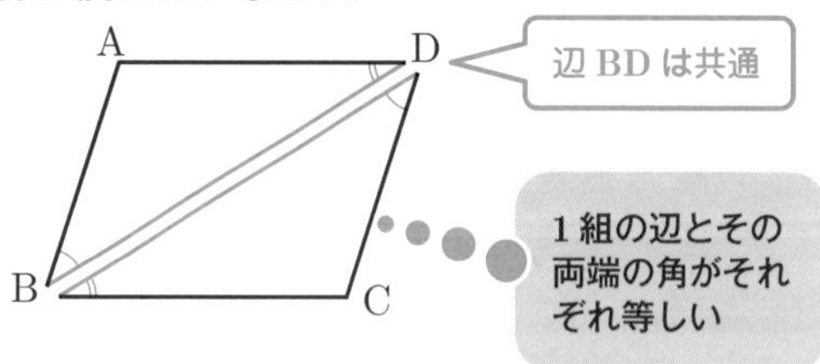

② 証明の型にあてはめて文章にする

（証明） △ABDと△CDBにおいて，
AD∥BCより，∠ADB＝∠CBD
AB∥DCより，∠ABD＝∠CDB
BD＝DB(共通)
よって，1組の辺とその両端の角がそれぞれ等しいので，
△ABD≡△CDB

答え 上の解説を参照

ココは覚える

①三角形の合同条件
- 3組の辺がそれぞれ等しい
- 2組の辺とその間の角がそれぞれ等しい
- 1組の辺とその両端の角がそれぞれ等しい

②証明の型

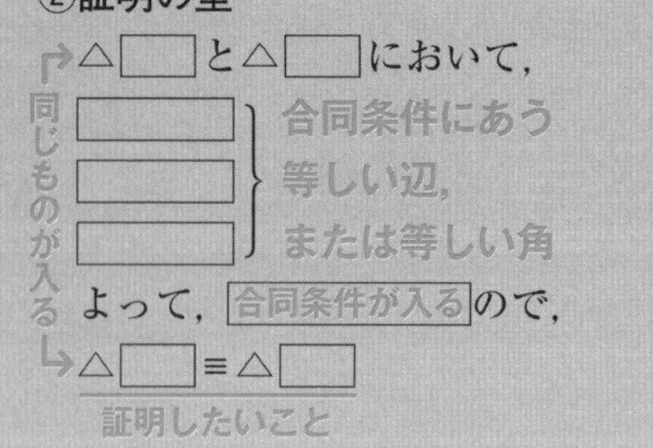

△□と△□において，
同じものが入る
合同条件にあう等しい辺，または等しい角
よって，合同条件が入るので，
△□≡△□
証明したいこと

別解 △ABDと△CDBにおいて，
AD∥BCより，∠ADB＝∠CBD
AD＝CB，BD＝DB（共通）
よって，2組の辺とその間の角がそれぞれ等しいので，
△ABD≡△CDB

例題2 相似の証明の問題

右の図の対角線の交点をEとする四角形ABCDにおいて，∠BCA = ∠DCA, BA = BEならば，△ABC ∽ △EDCである。このことを証明しなさい。〈鳥取県〉

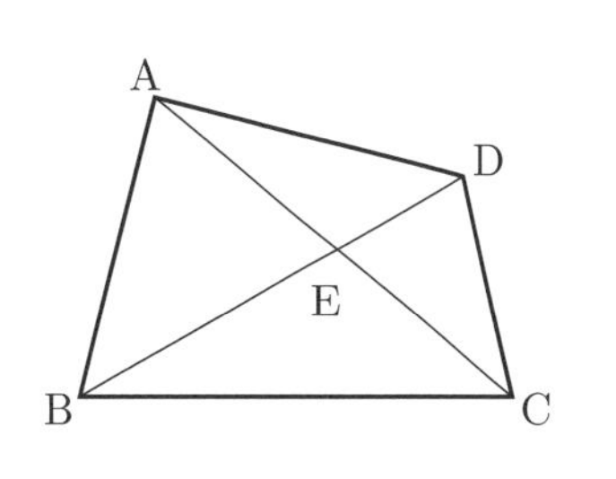

A
D
E
B
C

こう考える ① **相似条件**を探す ② **証明の型**にあてはめて文章にする

① 相似条件を探す

わかっていることをかき込む。

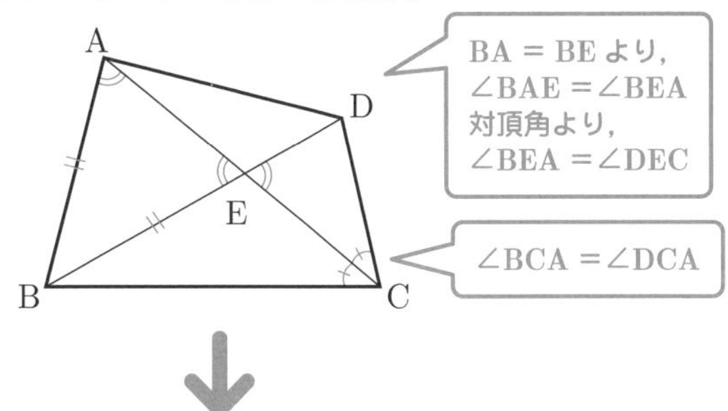

A
D
E
B
C
BA = BEより，
∠BAE =∠BEA
対頂角より，
∠BEA =∠DEC
∠BCA =∠DCA

どの相似条件が使えるか考える。

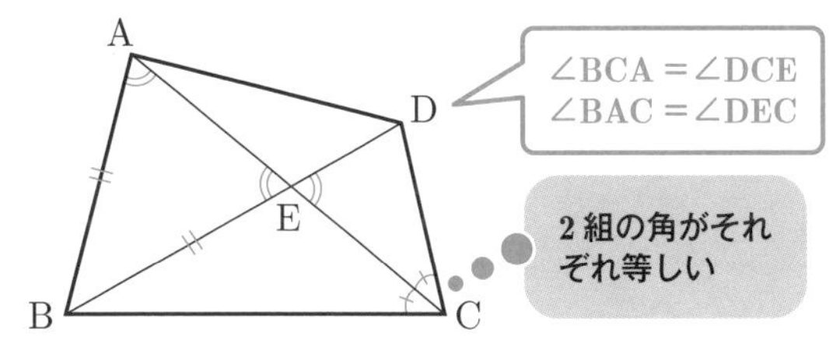

A
D
E
B
C
∠BCA =∠DCE
∠BAC =∠DEC
2組の角がそれぞれ等しい

ココは覚える

① 三角形の相似条件
- 3組の辺の比がすべて等しい
- 2組の辺の比とその間の角がそれぞれ等しい
- 2組の角がそれぞれ等しい

② 証明の型

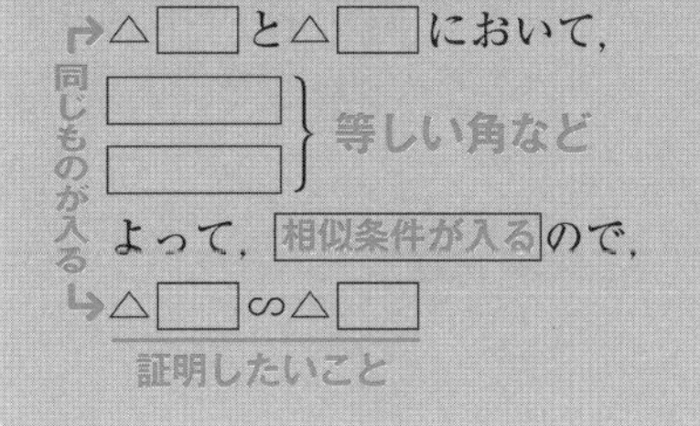

△□と△□において，
同じものが入る
等しい角など
よって，相似条件が入るので，
△□∽△□
証明したいこと

② 証明の型にあてはめて文章にする

（証明） △ABCと△EDCにおいて，
仮定より，
∠BCA = ∠DCE …①
BA = BEより，∠BAC = ∠BEA …②
対頂角は等しいから，∠BEA = ∠DEC …③
②，③より，
∠BAC = ∠DEC …④
①，④より，2組の角がそれぞれ等しいので，
△ABC ∽ △EDC

答え 上の解説を参照

型にはまったって
イイじゃない。

入試問題にチャレンジ

答え ➡ 別冊 P.19

1 右の図で，円 O は線分 AB を直径とする半径 5cm の円であり，点 C は円周上の点で AC = 4cm である。2 点 D，E は円周上の点で，$\overset{\frown}{AC} = \overset{\frown}{CD} = \overset{\frown}{AE}$ である。また，点 F は線分 AD と線分 OC との交点である。△ OAF ≡ △ ODF であることを証明しなさい。〈奈良県　一部抜粋〉

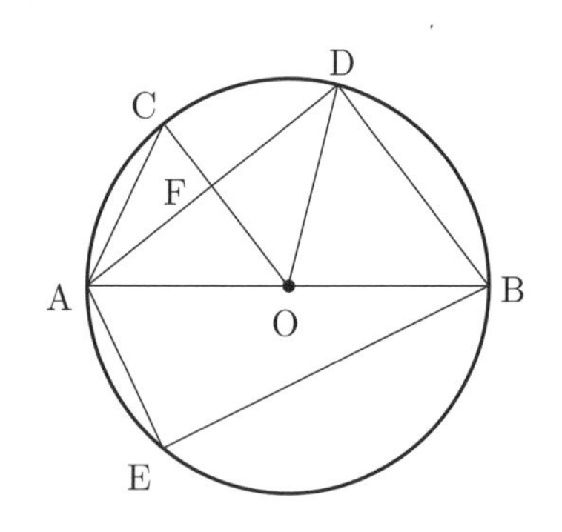

こう考える ➡ 等しい辺や等しい角を探す。

2 右の図のように，平行四辺形 ABCD の対角線の交点 O を通る直線と辺 AD，BC の交点をそれぞれ P，Q とする。このとき，AP = CQ であることを証明しなさい。〈栃木県〉

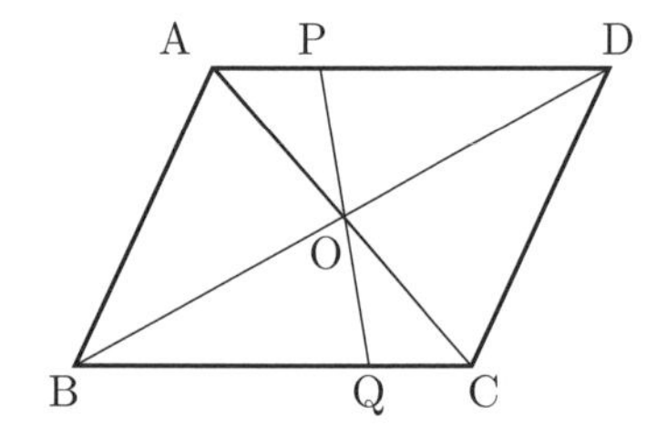

こう考える ➡ △ OAP ≡△ OCQ を証明する。

3 右の図の四角形 ABCD は，1 辺の長さが 6cm の正方形である。辺 AB，BC，CD，DA 上に，それぞれ AE = BF = CG = DH = $x$cm となるように点 E，F，G，H をとる。
線分 AF と DE，BG との交点をそれぞれ P，Q とし，線分 CH と BG，DE との交点をそれぞれ R，S とするとき，
∠AED = ∠BFA となることを証明しなさい。〈群馬県　一部抜粋〉

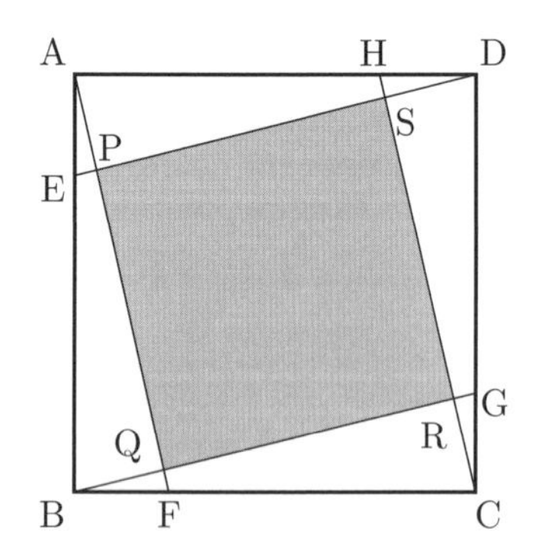

4 右の図のように，∠A が鋭角の△ ABC の 2 辺 AB，AC をそれぞれ 1 辺とする正方形 ADEB，ACFG を△ ABC の外側につくる。このとき，△ ABG ≡△ ADC であることを証明しなさい。〈鹿児島県〉

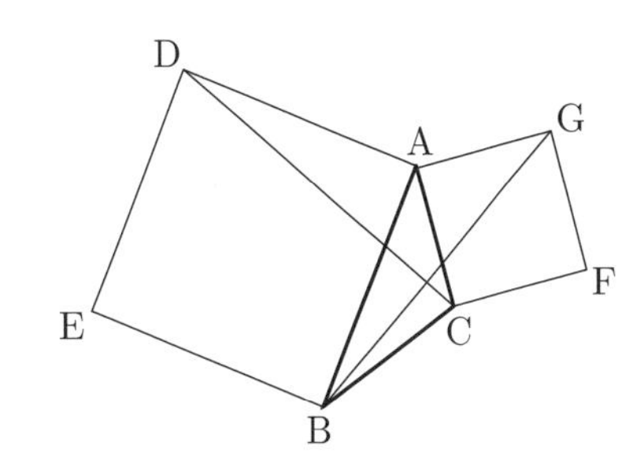

5 右の図のように，円 O の周上に点 A，B，C，D があり，線分 AC は円 O の直径で，AB = 12cm, BC = 6cm である。点 E は線分 AB を B の方向に延長した直線上の点で，BE = 6cm である。線分 CE と線分 DB は平行で，線分 DB と線分 AC の交点を F とする。△ ABF ∽△ DCF となることを証明しなさい。〈秋田県　一部抜粋〉

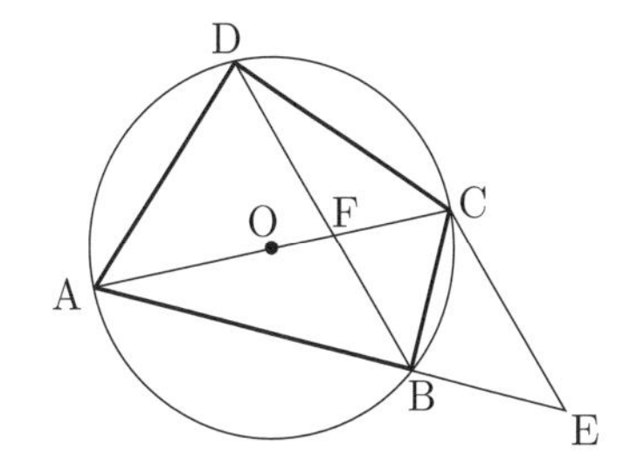

6 右の図のように，円 O の周上に A，B，C，D，E の順に 5 つの点をとる。このとき，線分 BD は円 O の直径であり，線分 AD と線分 CE は垂直に交わっている。また，線分 CE と，線分 AD，BD との交点をそれぞれ F，G とする。△BCD ∽△ AFC であることを証明しなさい。〈大分県　一部抜粋〉

等しい角を探そう。

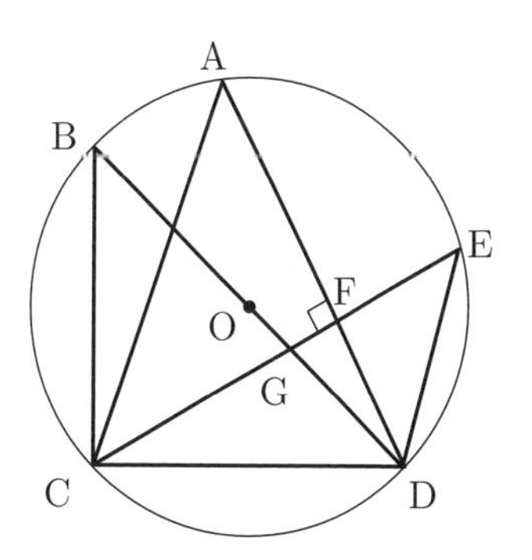

図形を折るなんて考えられない

ここに注目で攻略

▶▶▶▶折ったら合同！

例題 **図形の折り返しの問題**

右の図のように，周の長さが 22cm である△ ABC がある。点 A が辺 BC 上にくるように辺 AB，AC 上の点 D，E を結ぶ線分を折り目として折り返し，点 A が辺 BC と重なる点を F とする。BC = 8cm，DB = 2cm，EF = 3cm のとき，線分 DF と線分 EC の長さの和を求めなさい。〈秋田県〉

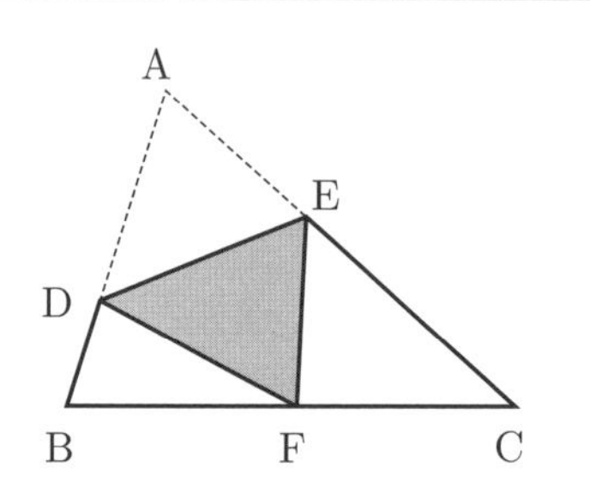

こう考える 折り返す前の図形と後の図形に注目して，等しいところをかき込む。

折り返す前と後について考える。

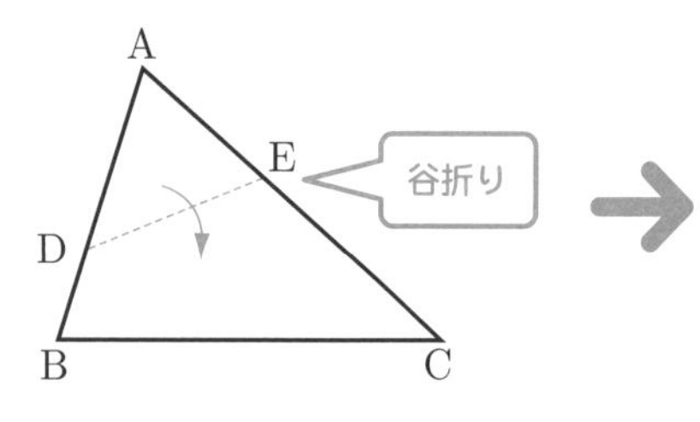

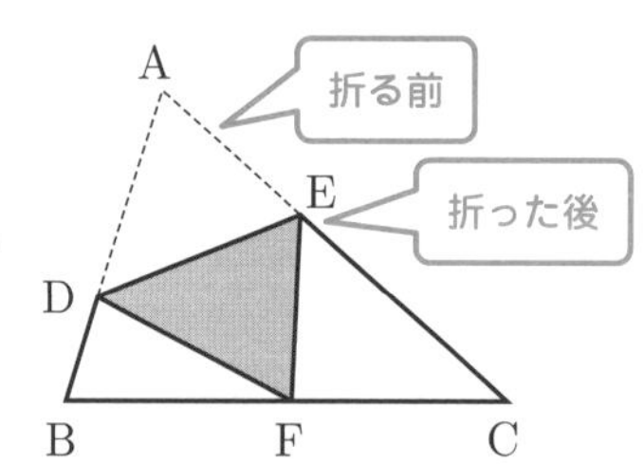

△ ADE と△ FDE はもともとは同じ三角形。つまり，
△ ADE ≡△ FDE

等しい角や，長さをかき込む。

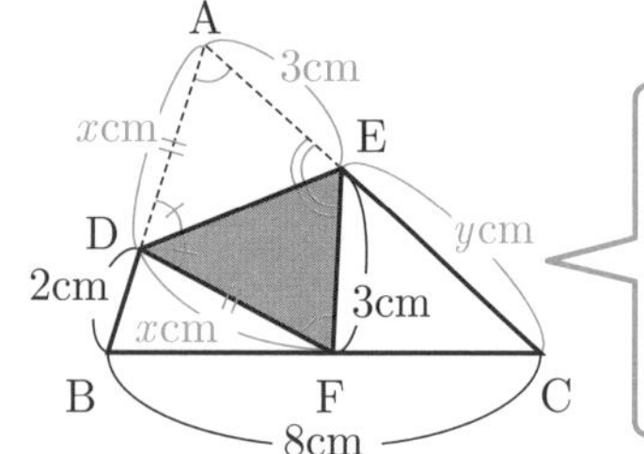

AE = FE = 3cm，DF = $x$cm，
EC = $y$cm とすると，
AD = FD = $x$cm
∠ DAE =∠ DFE
∠ ADE =∠ FDE
∠ AED =∠ FED

折り目をさかいにして向かい合う辺や角は同じになる

DF = $x$cm，EC = $y$cm とすると，△ ABC の周の長さが 22cm なので，

AB + BC + AC = 22cm

AD + DB + BC + EC + AE = 22cm

$x + 2 + 8 + y + 3 = 22$　　よって，$x + y = 9$

したがって，線分 DF と線分 EC の長さの和は，9cm

答え **9cm**

入試問題にチャレンジ

答え ➡ 別冊 P.21

1 **図1**の長方形 ABCD において, 2 点 E, F は, それぞれ辺 AD, BC 上の点である。長方形 ABCD を**図2**のように, 線分 EF を折り目として折り返すと, ∠BFC = 76° になった。このとき, ∠AEF の大きさを求めなさい。〈静岡県〉

図1

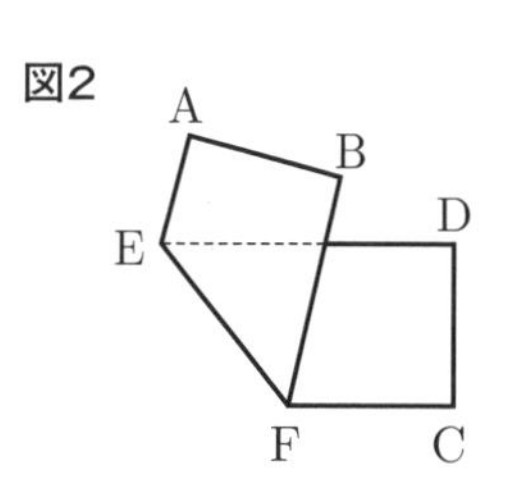

図2

こう考える ∠BFE の大きさは, (180° − ∠BFC) ÷ 2 で求められる。

2 **図1**のような長方形 ABCD がある。**図2**のように, 頂点 D が B と重なるように折ったときの折り目の線分を PQ, 頂点 C が移った点を E とする。このとき, **図2**で, △BPQ は二等辺三角形であることを証明しなさい。ただし, 証明の中に根拠となることがらを必ず書くこと。〈富山県　一部抜粋〉

図1

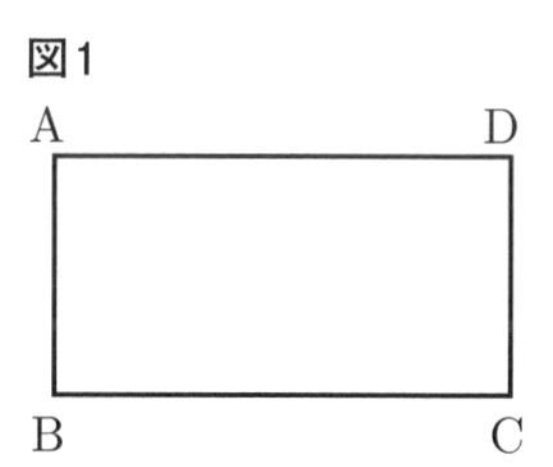

図2

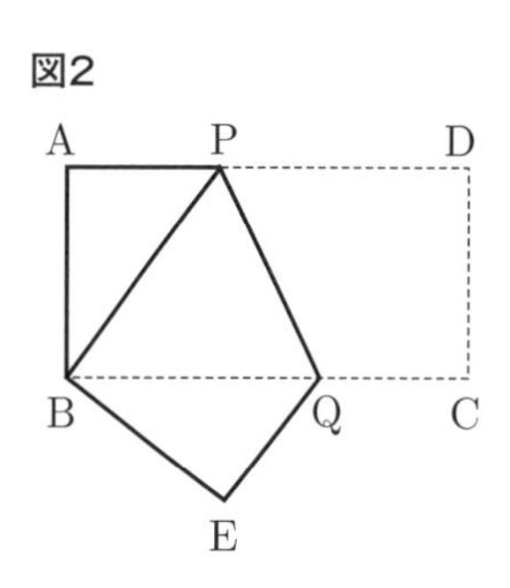

チャレンジ 二等辺三角形となる条件を考えよう。

形がイメージできない！

見える化で攻略

かこう！ぬろう！

例題1 辺や面の位置関係の問題

右の図のような，直方体ABCD－EFGHがある。この直方体のすべての辺のうち，直線CGとねじれの位置にある辺は全部で何本あるか，答えなさい。〈岡山県〉

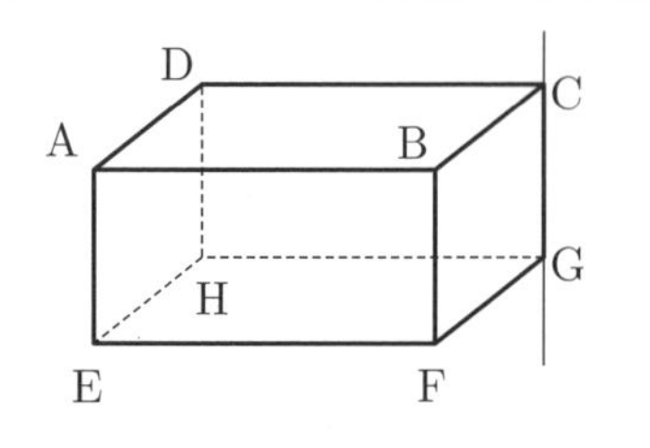

こう考える　すべての辺を書き出して，あてはまらないものを消す。

すべての辺を書き出す。　AB，BC，CD，DA，EF，FG，GH，HE，AE，BF，DH

CGがある平面に色をぬって調べる。

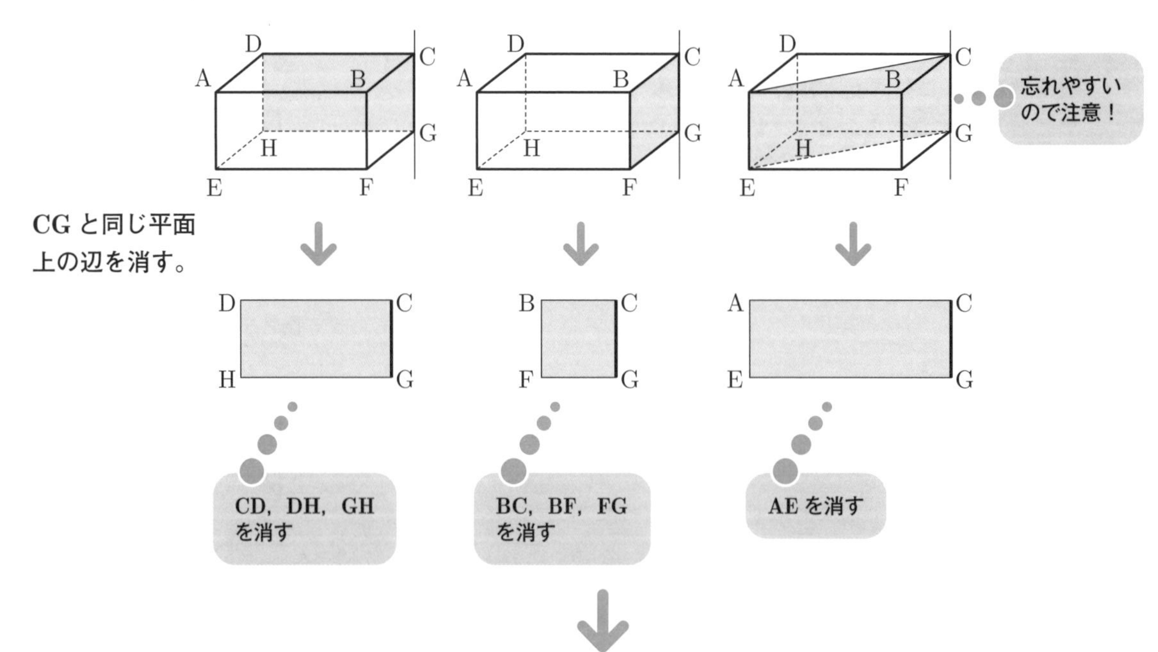

よって，直線CGとねじれの位置にある辺は，辺AB，DA，EF，HEの4本。

答え　4本

例題2 展開図に関する問題

右の図は，正四角すいの展開図である。この展開図を組み立ててできる正四角すいの体積を求めなさい。〈青森県〉

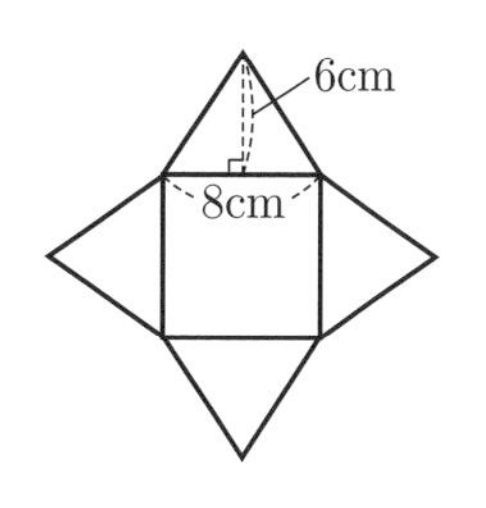

こう考える 実際に組み立てた図をかこう。

展開図を組み立てる。

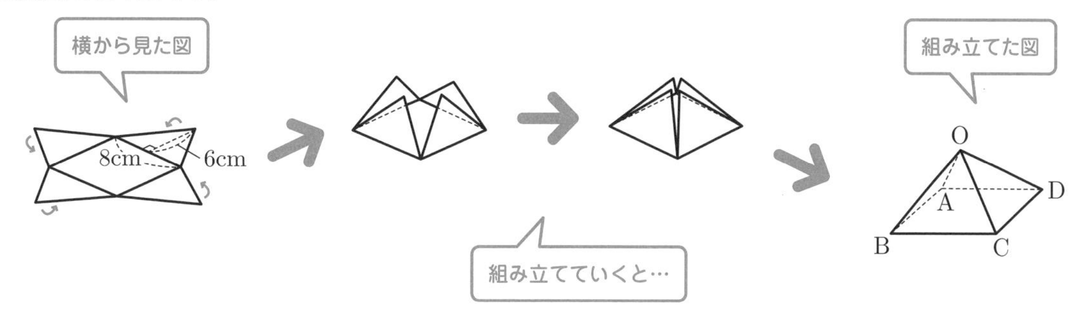

わかっている長さから高さを求める。

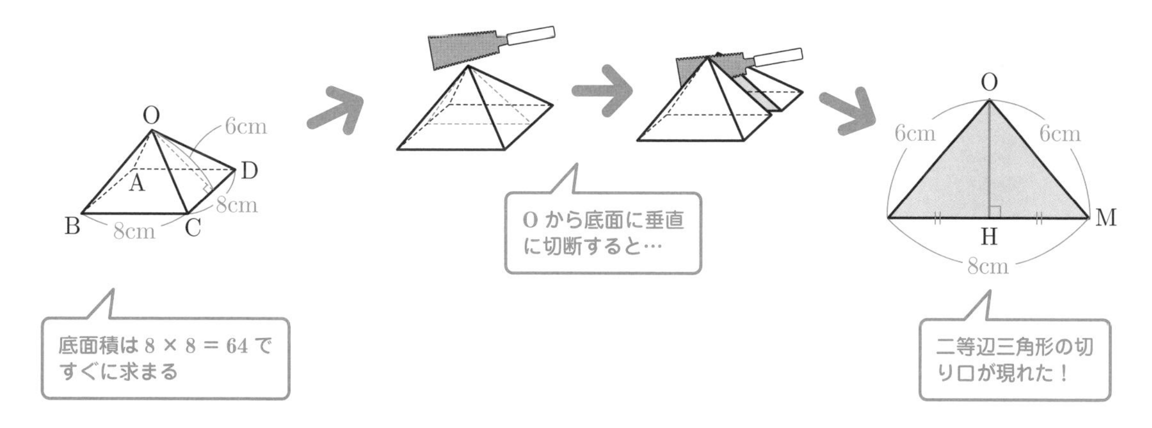

切り口と底面の辺との交点を M，切り口の二等辺三角形の高さを OH とすると，辺 HM の長さは，

$8 \times \frac{1}{2} = 4$(cm)

△ OHM は直角三角形なので，三平方の定理より，$\mathrm{OH} = \sqrt{\mathrm{OM}^2 - \mathrm{HM}^2}$

$= \sqrt{6^2 - 4^2}$

$= \sqrt{20}$

$= 2\sqrt{5}$ (cm)

よって，求める体積は，$\frac{1}{3} \times 64 \times 2\sqrt{5} = \frac{128\sqrt{5}}{3}$ (cm^3)

答え $\frac{128\sqrt{5}}{3}$ **cm^3**

例題3 回転体の問題

右の図形を，辺 AB を軸として 1 回転させてできる立体の体積を求めなさい。ただし，円周率は π を用いることとする。〈千葉県〉

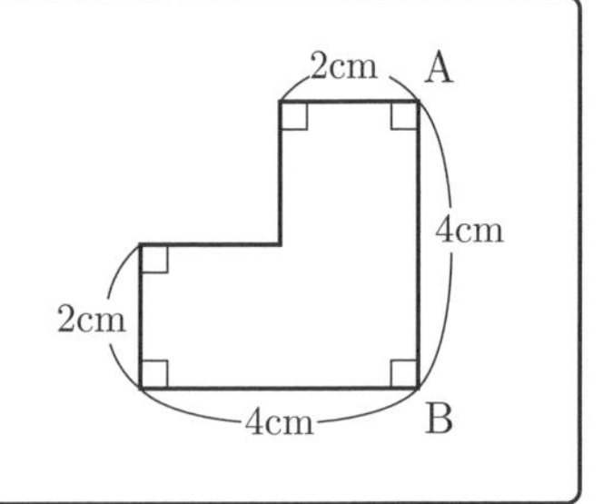

こう考える 次の 3 つの図形の回転体の形を覚えておこう。

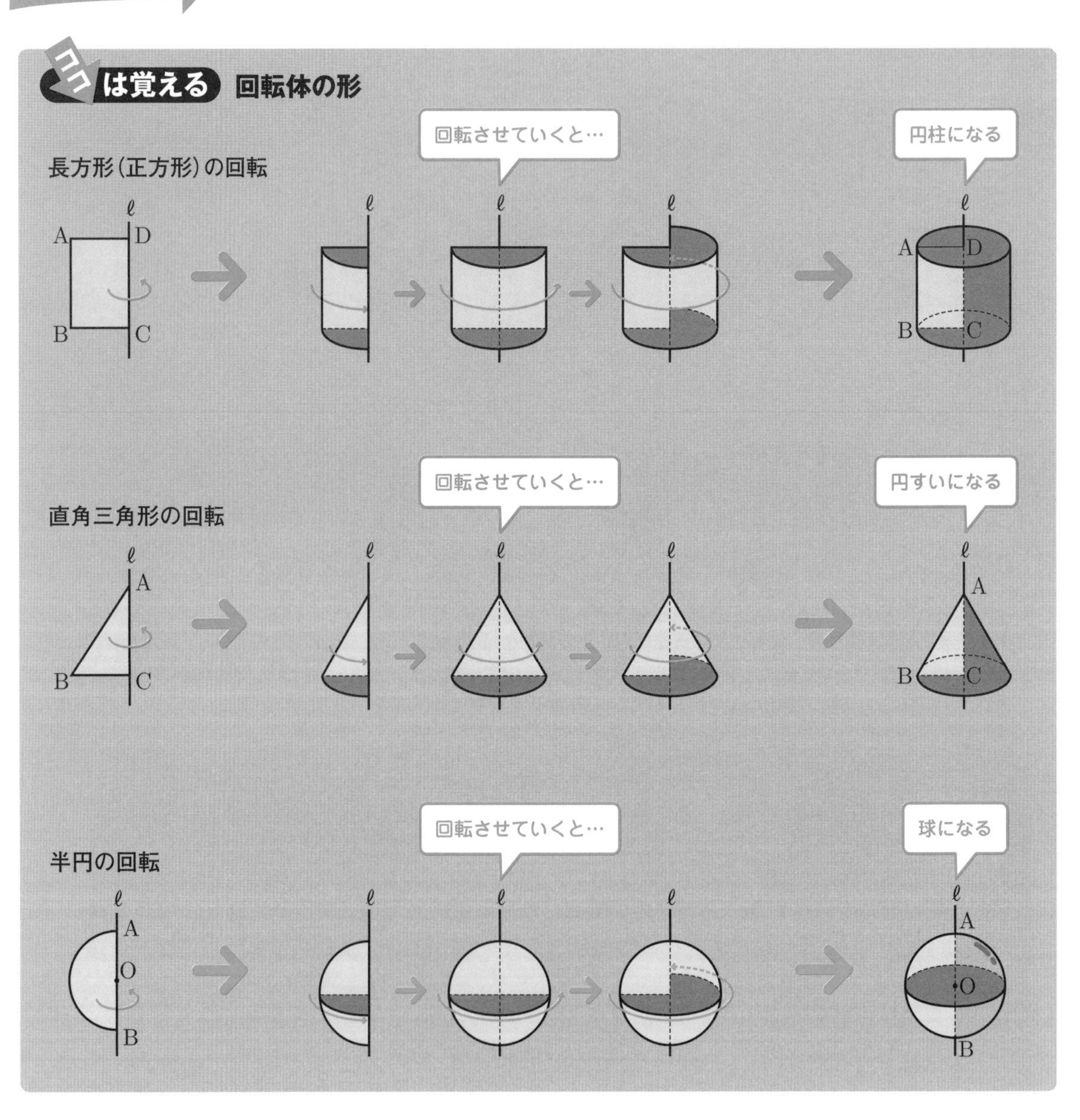

長方形と正方形の回転と見る。

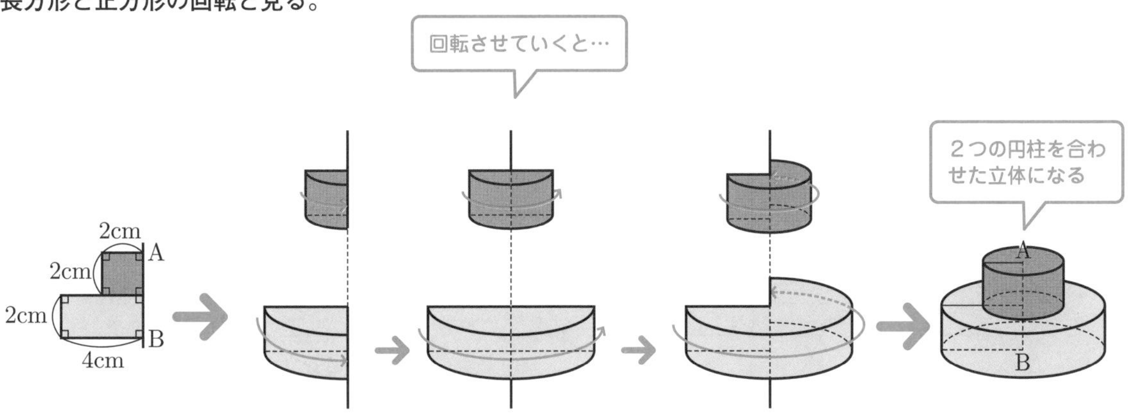

求める立体の体積について考える。

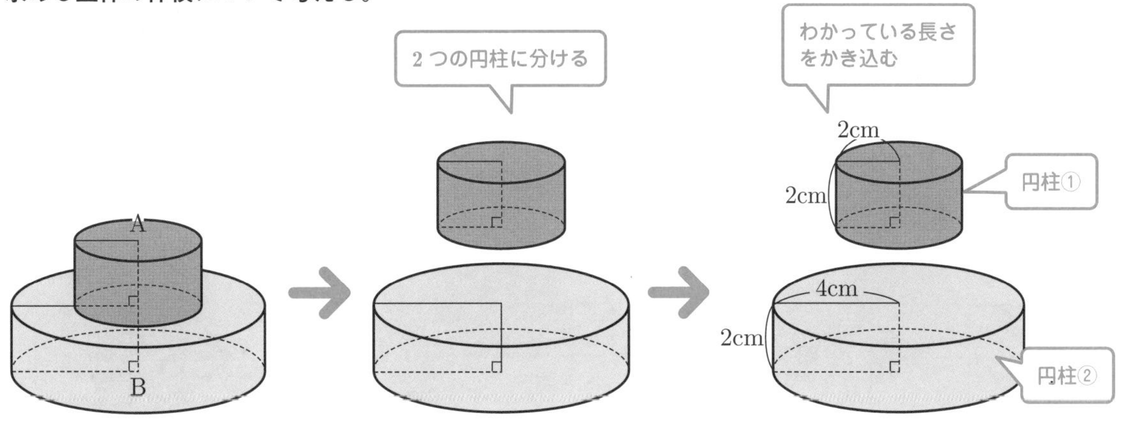

円柱①の体積を求める。

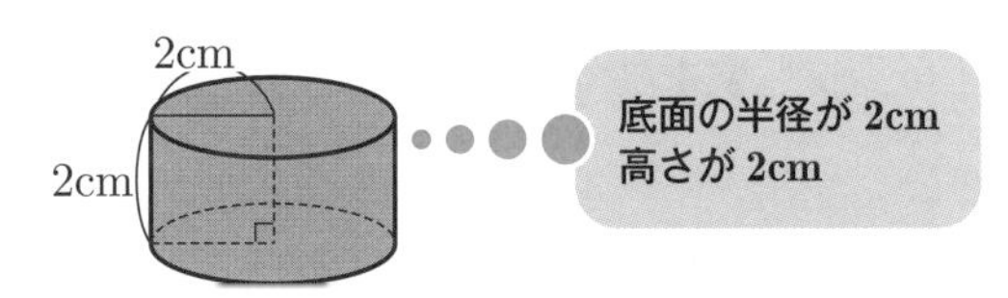

円柱②の体積を求める。

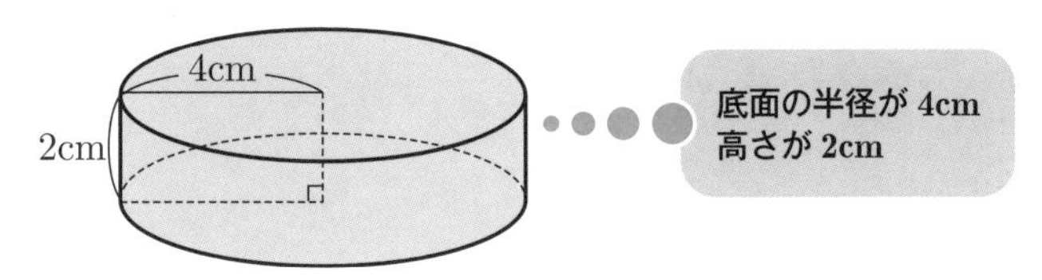

円柱①の体積は，$\pi \times 2^2 \times 2 = 8\pi\,(\mathrm{cm}^3)$

円柱②の体積は，$\pi \times 4^2 \times 2 = 32\pi\,(\mathrm{cm}^3)$

よって，求める体積は，①＋②より，$8\pi + 32\pi = 40\pi\,(\mathrm{cm}^3)$

答え　$40\pi\ \mathrm{cm}^3$

例題4 投影図の問題

次の投影図で表された立体のうち，三角柱はどれか，**ア**～**エ**から１つ選びなさい。〈徳島県〉

ア　**イ**　**ウ**　**エ**

（立面図）

（平面図）

こう考える 立体の形がイメージできないときは暗記する。

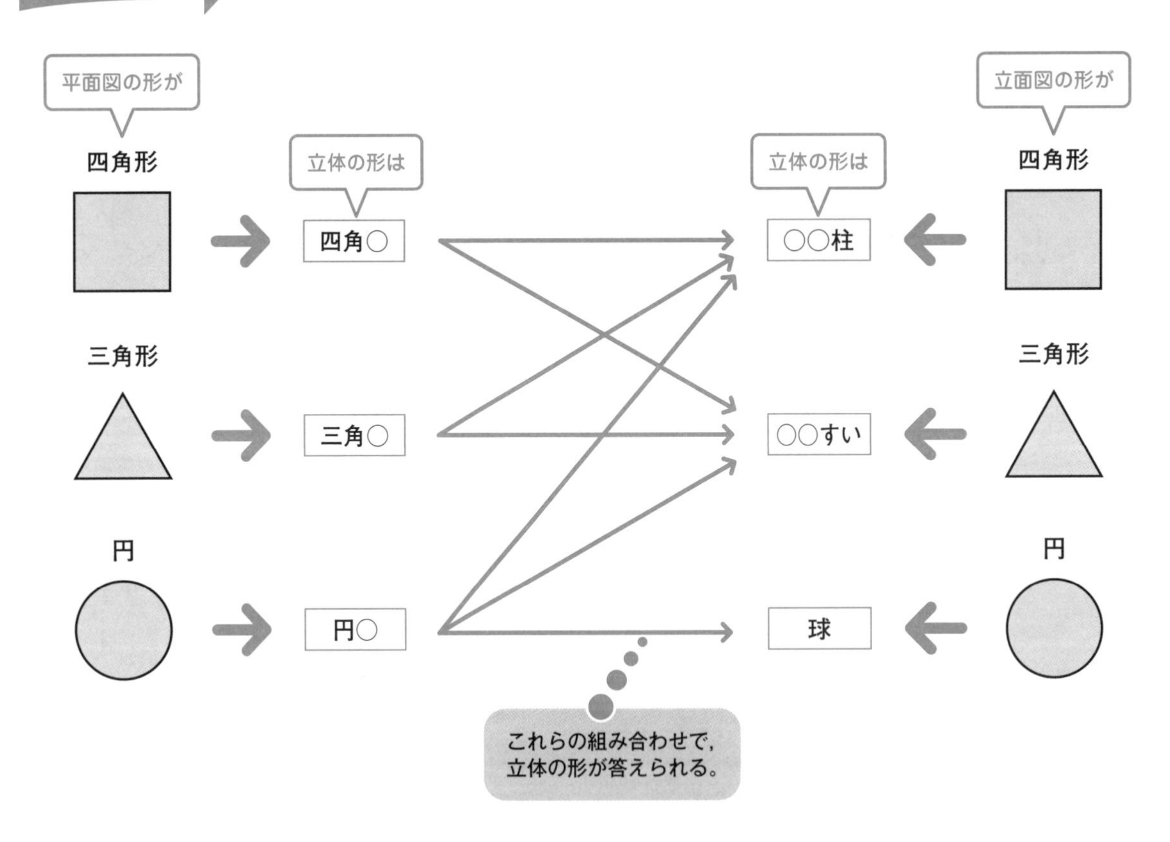

アは，平面図が四角形で，立面図が三角形なので，立体の形は四角すい
イは，平面図が三角形で，立面図が四角形なので，立体の形は三角柱
ウは，平面図が円で，立面図が三角形なので，立体の形は円すい
エは，平面図が三角形で，立面図も三角形なので，立体の形は三角すい

答え　イ

キチンと理解したい人へ　立体の形から，平面図と立面図をイメージする。

四角柱

立面図　真正面から見た図

平面図　真上から見た図

四角すい

立面図

平面図

三角柱

立面図

平面図

三角すい

立面図

平面図

円柱

立面図

平面図

円すい

立面図

平面図

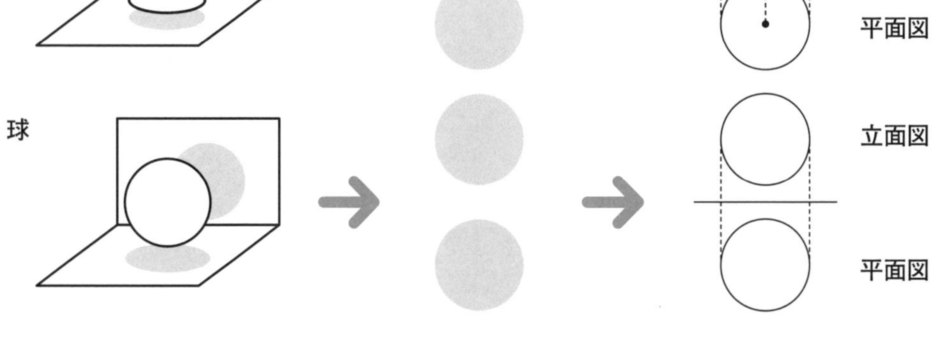

入試問題にチャレンジ

答え ➡ 別冊 P.22

1 右の図の三角柱 ABC − DEF において，辺 EF とねじれの位置にある辺の数はいくつか答えなさい。〈栃木県〉

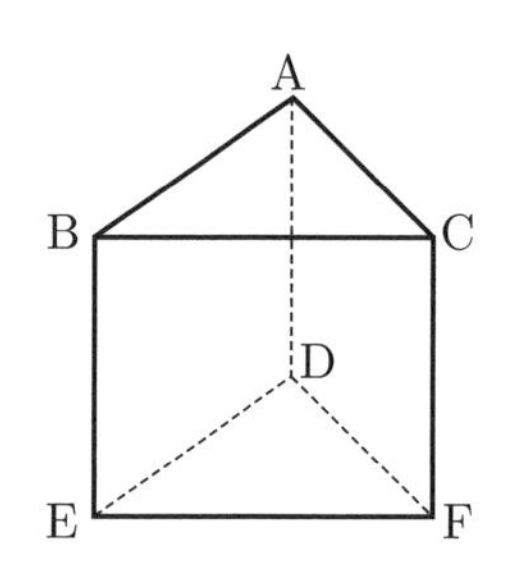

こう考える ➡ 辺 EF と平行ではなく，交わらない辺を考える。辺 EF と平行な辺は，辺 BC である。

2 右の図は，底面 ABCDE が AB = 4cm，BC = 3cm，CD = DE = EA = 5cm，∠BCD が鈍角，∠CDE = ∠DEA = 90° の五角形で，側面がすべて長方形の五角柱 ABCDEFGHIJ を表しており，AF = 5cm である。図に示す立体において，辺 AF とねじれの位置にある辺は全部で何本か答えなさい。〈福岡県　一部抜粋〉

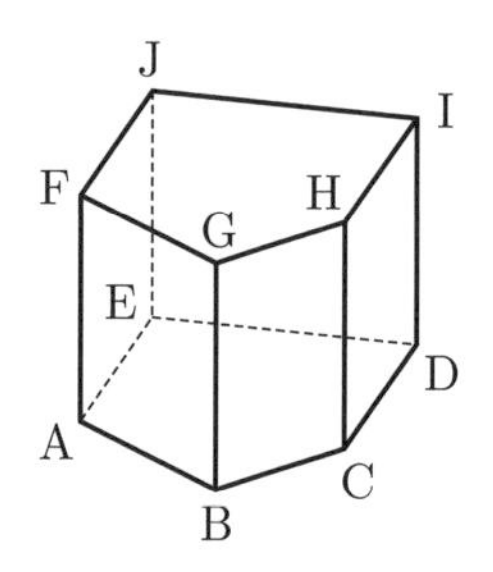

3 右の図の直方体の展開図において，四角形 ABCD は，AB = 10cm，BC = 20cm の長方形である。AE = $a$cm とするとき，この展開図を組み立ててつくった直方体の体積を，a を使って表しなさい。〈宮城県〉

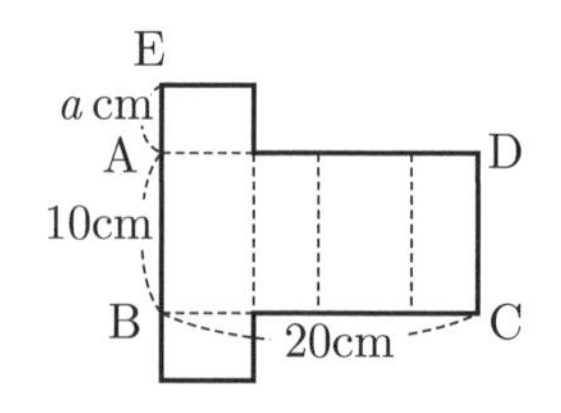

4 右の図は，円柱の展開図である。π が円周率であるとき，この円柱の体積を求めなさい。〈福島県〉

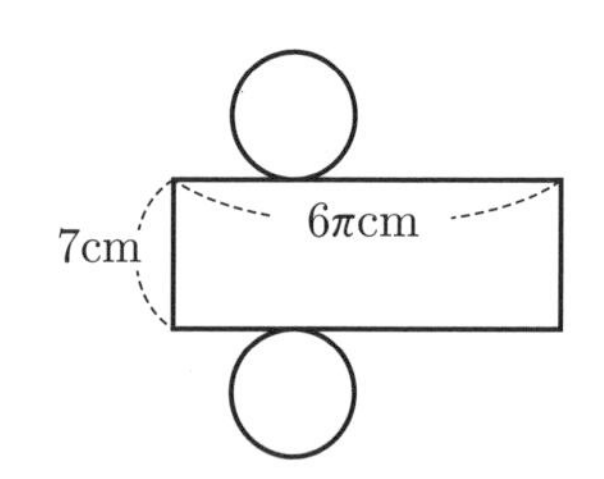

5 右の図のような半円を，直線 ℓ を軸として1回転させてできる立体の体積を求めなさい。ただし，円周率は π とする。〈岩手県〉

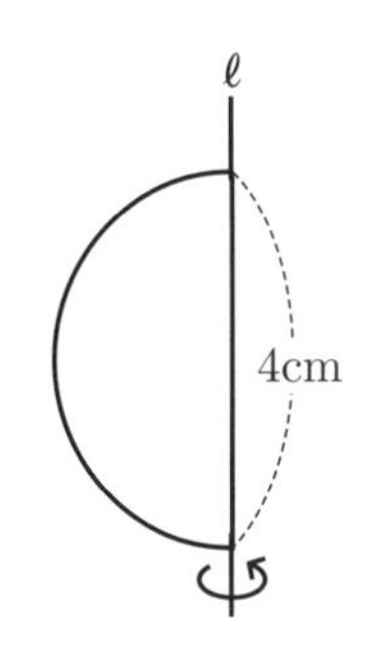

こう考える　できる立体は球である。

6 右の図は，AB = 4cm，BC = 2cm の長方形 ABCD で，辺 CD 上に点 E を，CE = 3cm となるようにとったものである。線分 CD を延長した直線 ℓ を軸として，色をつけた部分を1回転させてできる立体の体積は何 cm^3 か，求めなさい。ただし，円周率は π とする。〈鹿児島県〉

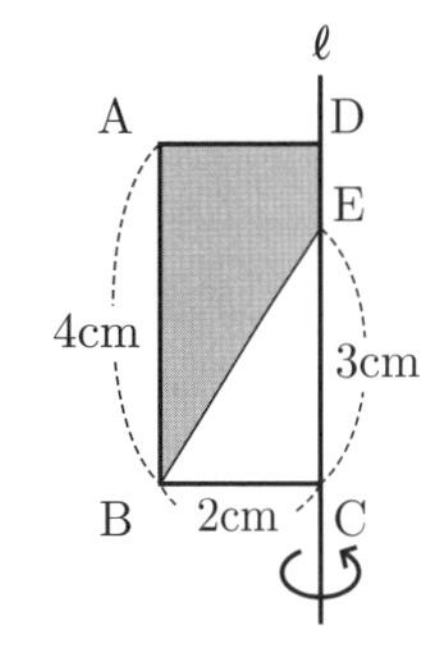

こう考える　できる立体は，円柱から円すいを除いた図形である。

7 右の投影図で示された立体の名称を答えなさい。〈佐賀県〉

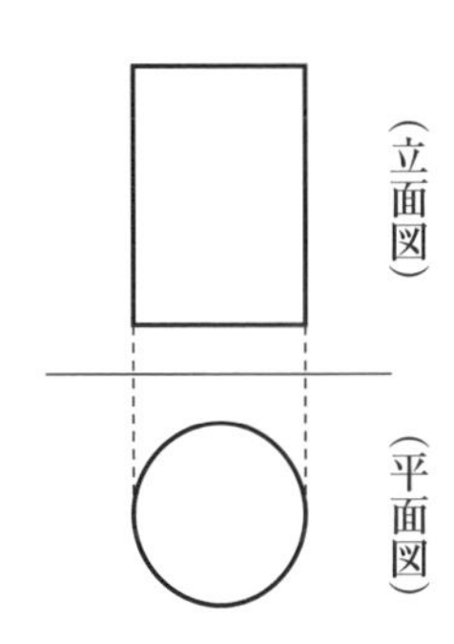

8 右の図は円柱の投影図である。この円柱の体積は何 cm^3 か，求めなさい。ただし，円周率は π とする。〈長崎県〉

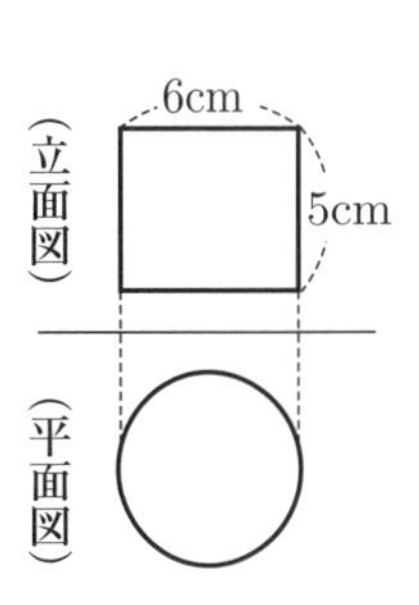

空間図形編

どこに注目していいかわからない

ここに注目で攻略

▶▶▶▶ ココ以外は目をつぶれ！

例題 1　表面の距離（ひものまきつけ）に関する問題

右の図の直方体で，AD = 2cm，AE = 3cm，対角線 AG = 7cm である。点 P を，辺 EF 上に，AP + PG の長さが最小になるようにとるとき，AP + PG の長さを求めなさい。

〈長野県　一部抜粋〉

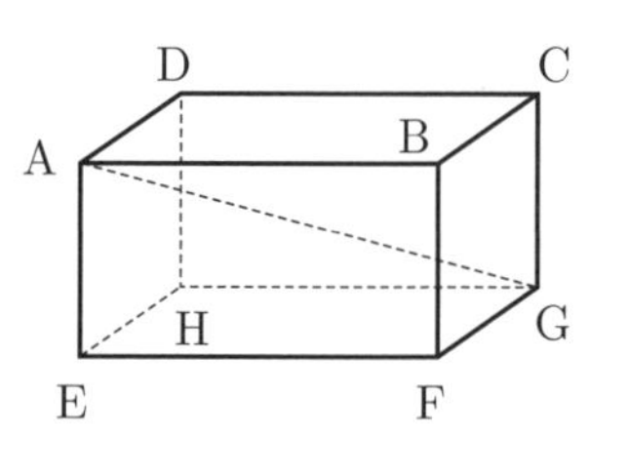

こう考える　①　注目する面を見つける　②　広げて平面で考える

①　注目する面を見つける

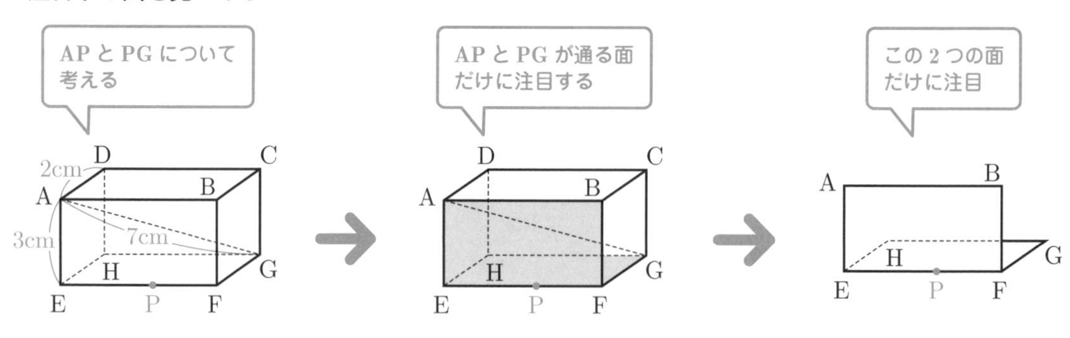

②　広げて平面で考える

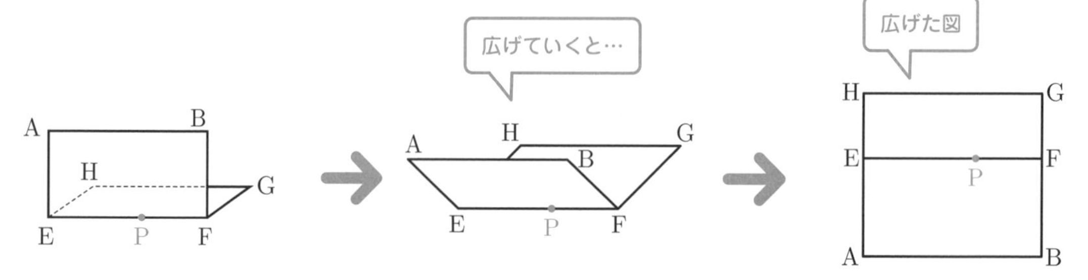

AP + PG の最短距離を考える。

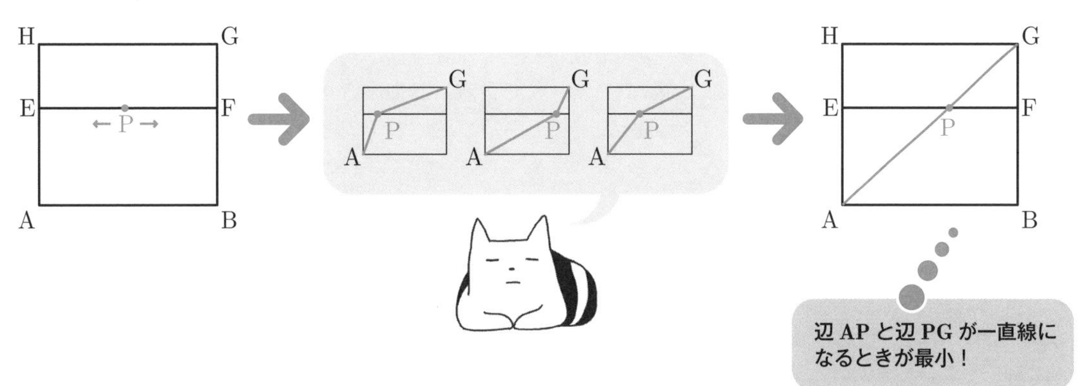

長さをかき込む。

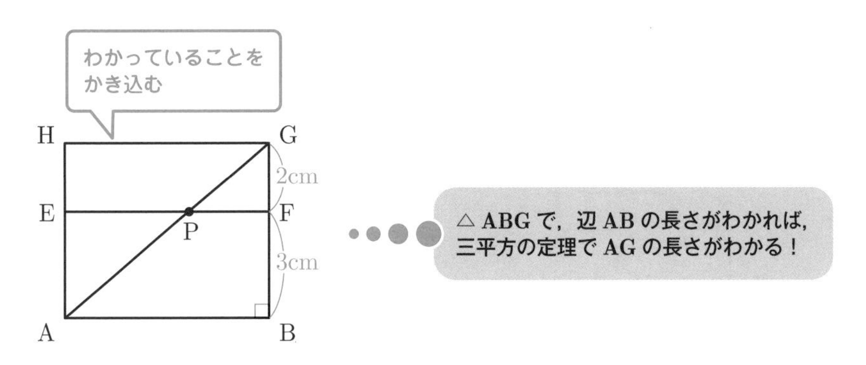

AB の長さを求める。

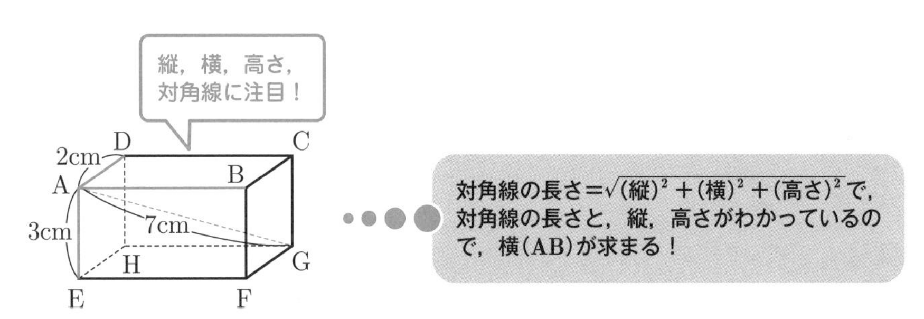

$7 = \sqrt{AD^2 + AB^2 + AE^2}$ に，AD = 2，AE = 3 を代入して，$7 = \sqrt{2^2 + AB^2 + 3^2}$
両辺を 2 乗して，$49 = 4 + AB^2 + 9$　よって，AB = 6(cm)

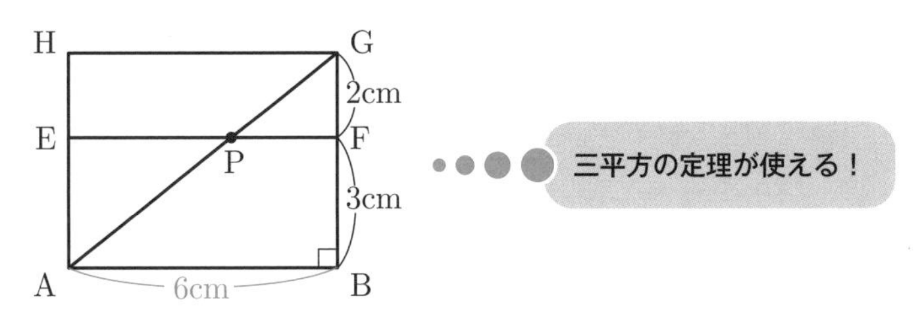

直角三角形 ABG で，三平方の定理より，
$AG = \sqrt{AB^2 + BG^2} = \sqrt{6^2 + 5^2} = \sqrt{61}$ (cm)
よって，最小となる AP + PG の長さは，$\sqrt{61}$ cm

答え　$\sqrt{61}$ **cm**

例題2 長さから面積を求める問題

右の図のように，AB = 4cm，AD = 3cm，AE = 5cm の直方体 ABCD − EFGH があり，点 M は辺 CD の中点である。このとき，△ MEF の面積を求めなさい。〈秋田県〉

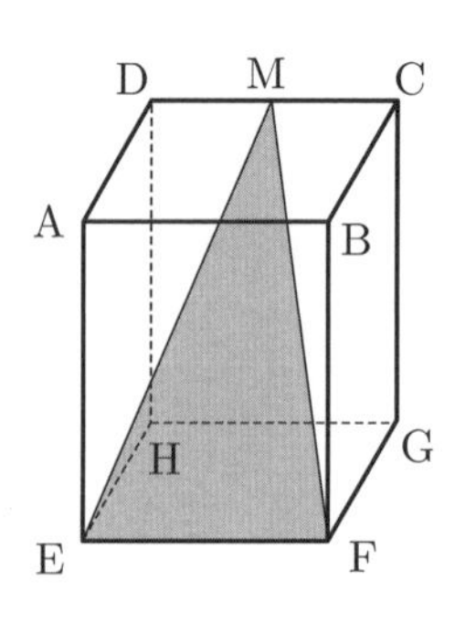

こう考える ① 切ってみる ② 切り口の面で考える

① 切ってみる

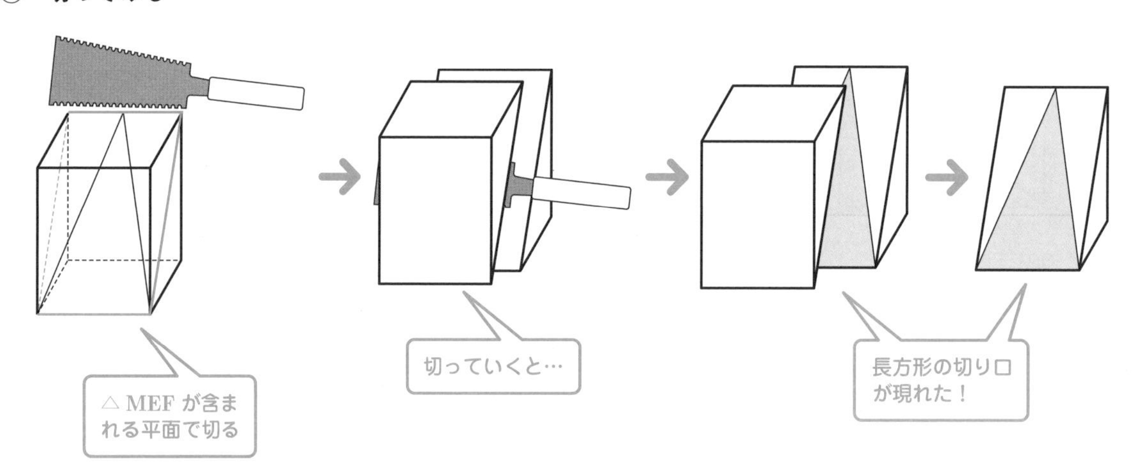

△ MEF が含まれる平面で切る
切っていくと…
長方形の切り口が現れた！

② 切り口の面で考える
わかっていることをかき込む。

D
2cm
M
2cm
C
高さ
E
4cm
F
△ MEF で，底辺を EF とみたときの底辺の長さがわかっているので，高さ CF の長さがわかればよい。

線分 CF について考える。

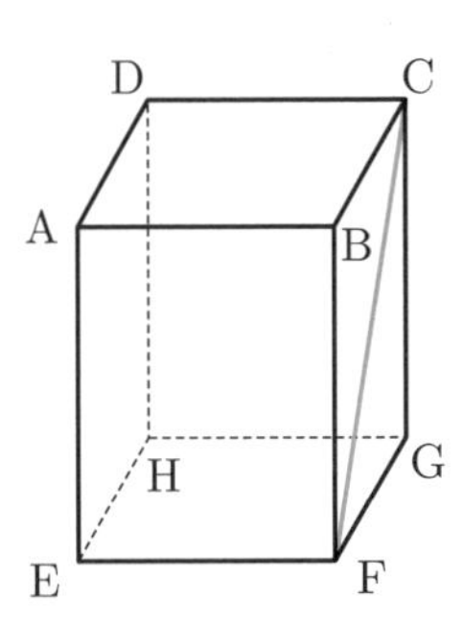

→

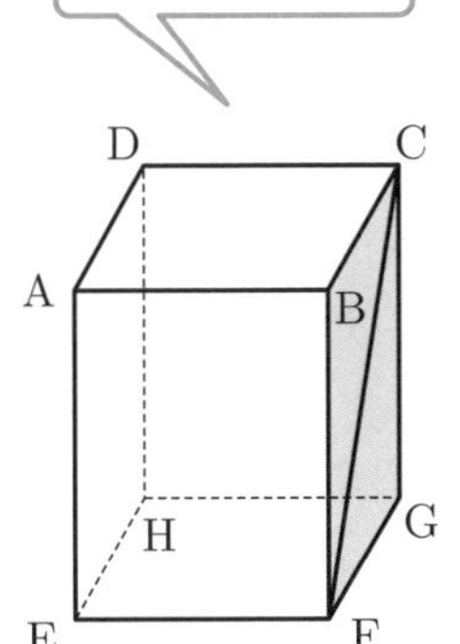

→

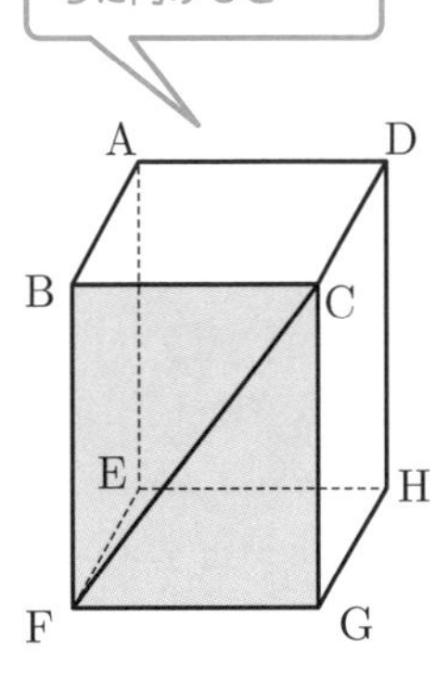

CF の長さを求める。

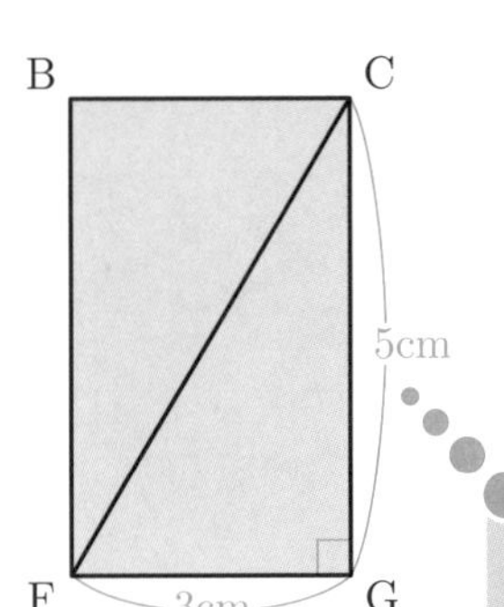

△CFG で，三平方の定理より，$\mathrm{CF} = \sqrt{\mathrm{CG}^2 + \mathrm{FG}^2}$

$= \sqrt{5^2 + 3^2}$

$= \sqrt{34}$ (cm)

△CFG は直角三角形なので，三平方の定理で CF の長さが求まる。

△MEF の面積を求める。

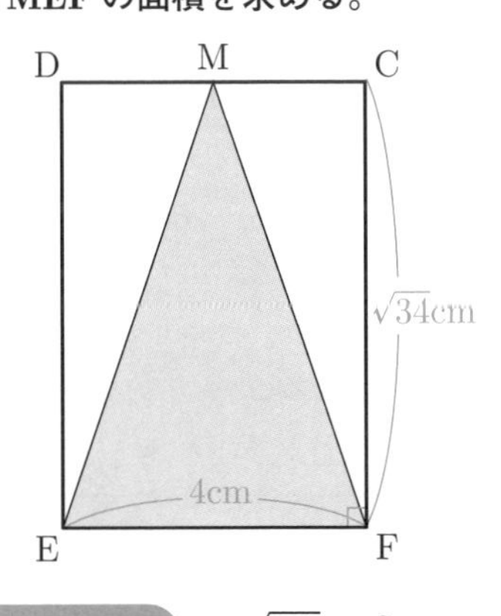

△MEF で，底辺が 4cm，高さが $\sqrt{34}$ cm なので，

△MEF の面積は，

$\frac{1}{2} \times \mathrm{EF} \times \mathrm{CF} = \frac{1}{2} \times 4 \times \sqrt{34}$

$= 2\sqrt{34}$ (cm^2)

答え　**$2\sqrt{34}$ cm^2**

入試問題にチャレンジ

答え ➡ 別冊 P.23

1 図は，$\angle ABC = \angle ABD = \angle BCD = 90°$ の三角すい ABCD である。また，P は辺 AD 上の点で，$AD \perp PC$ である。$AB = 2$cm，$BC = 3$cm，$CD = 6$cm のとき，次の(1)，(2)の問いに答えなさい。〈愛知県〉

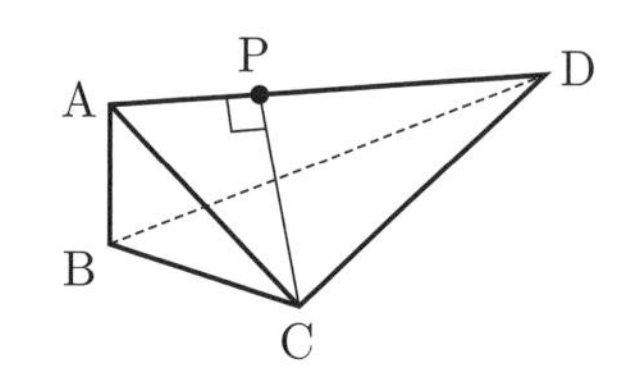

(1) 三角すい ABCD の体積は何 cm^3 か，求めなさい。

(2) 線分 PC の長さは何 cm か，求めなさい。

こう考える ➡ (2) 線分 PC の長さについて，$AC^2 - AP^2 = CD^2 - DP^2$ の等式が成り立つ。

2 右の図のように，$AB = 10$cm，$AD = 4$cm，$AE = 3$cm の直方体がある。辺 CD 上に $CP = 4$cm となる点 P，辺 EF 上に $FQ = 3$cm となる点 Q をとる。さらに，辺 AB 上に点 R を 4 点 P，R，Q，G が同じ平面上にあるようにとると，四角形 PRQG は平行四辺形となる。このとき，次の(1)，(2)の問いに答えなさい。〈佐賀県　一部抜粋〉

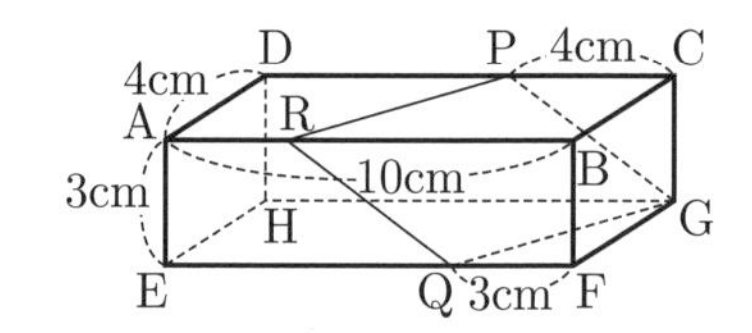

(1) RQ の長さを求めなさい。

(2) RB の長さを求めなさい。

3 図のような，すべての辺の長さが4cmである正四角すいOABCDにおいて，底面の正方形ABCDの対角線AC，BDの交点をHとするとき，線分OHは底面の正方形ABCDと垂直である。このとき，線分OHの長さを求めなさい。

〈山梨県　一部抜粋〉

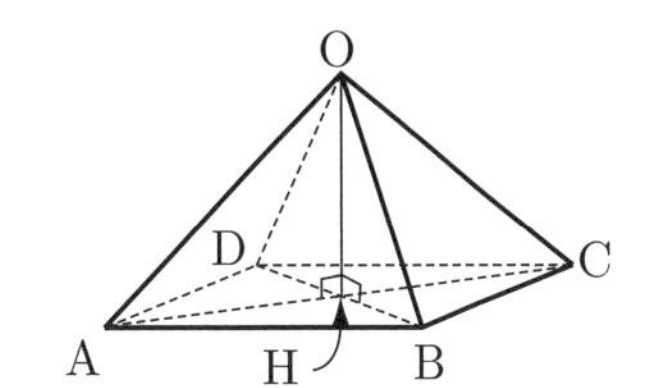

4 右の図は，AB = 6cm，BC = 8cm，∠ABC = 90°の直角三角形ABCを底面とし，AD = BE = CF = 6cmを高さとする三角柱であり，点Gは辺ACの中点である。この三角柱において，2点E，G間の距離を求めなさい。〈神奈川県　一部抜粋〉

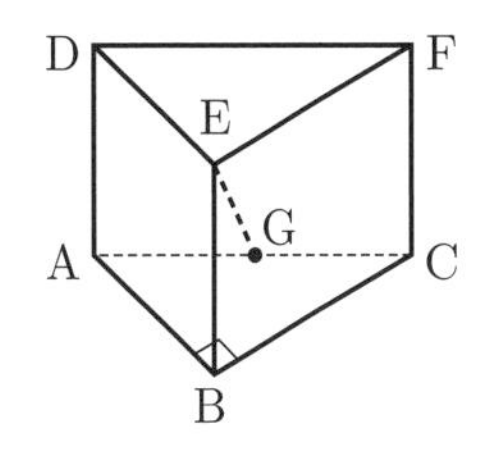

5 AB = 2cm，BC = 3cm，∠BAD = 60°の平行四辺形ABCDを底面とし，AE = BF = CG = DH = 2cmを高さとする四角柱がある。右の図のように，この四角柱における辺AEの中点をIとするとき，線分CIの長さを求めなさい。

〈神奈川県　一部抜粋〉

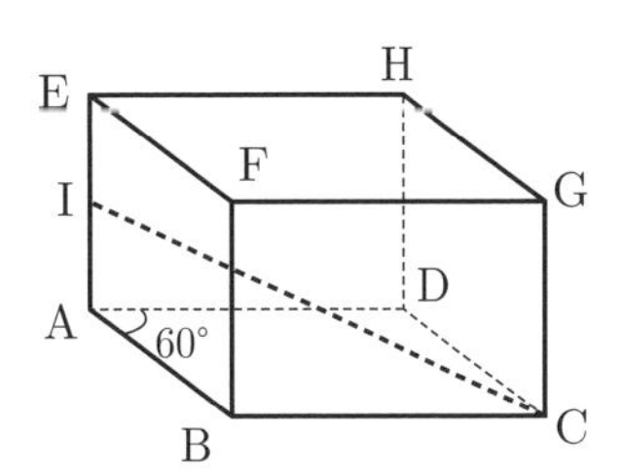

6 **図1**のように，AB = 6cm，AE = 2cm，EH = 4cm の直方体があり，頂点 A から頂点 G まで，黒いひもを辺 EF に交わるようにかける。黒いひもの長さが最も短くなるとき，黒いひもと辺 EF が交わる点を P とする。このとき，次の(1)，(2)の問いに答えなさい。〈佐賀県　一部抜粋〉

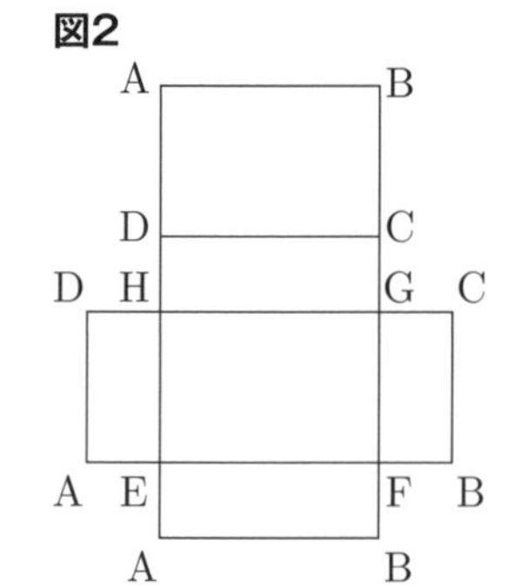

(1) 黒いひもが通る線を，**図2**の直方体の展開図に図示しなさい。

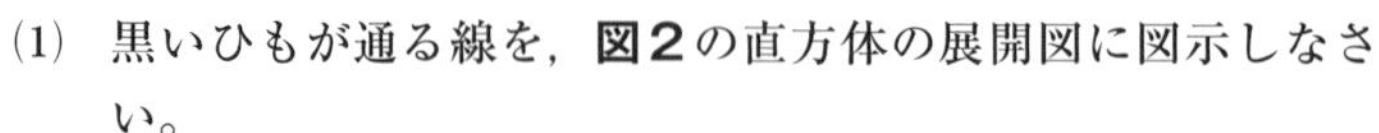

(2) 黒いひもの長さを求めなさい。

こう考える (1) ひもが通る，面 EFGH，EABF について考えよう。

7 **図1**のように，AB = 3cm，BC = 5cm，BE = 12cm，∠BAC = 90°で，側面がすべて長方形の三角柱がある。この三角柱の頂点 B から辺 AD，辺 CF を通って頂点 E まで，もっとも短くなるようにひもをかける。このひもが，辺 AD，CF と交わる点をそれぞれ P，Q とする。また，**図2**は，この三角柱の展開図を方眼紙にかいたもので，各頂点の記号は，A のみを書き入れている。ただし，この方眼紙の 1 マスは，1 辺の長さが 1cm の正方形とする。次の(1)，(2)の問いに答えなさい。〈大分県　一部抜粋〉

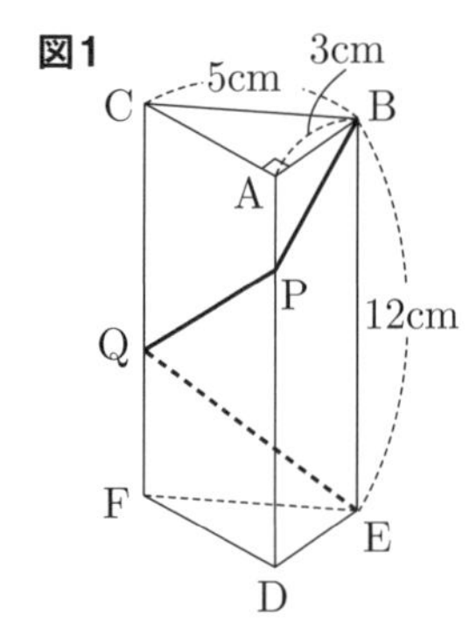

(1) 三角柱の体積を求めなさい。

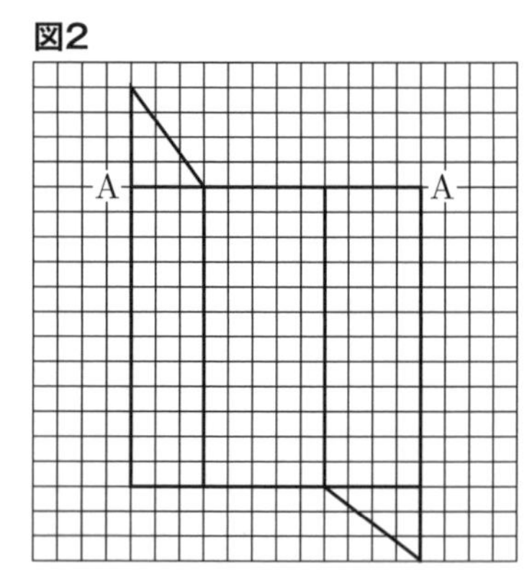

(2) 三角柱にかけたひもを，**図2**の展開図に実線 ── で記入しなさい。頂点の記号は書き入れなくてもよい。また，このときの PQ の長さを求めなさい。

8 **図1**のように，点Pを頂点とし，点Oを底面の中心とする円すいがある。底面の周上に点Aがあり，PA = 6cm，OA = 1cm である。また，**図2**はこの円すいの展開図であり，点A′は組み立てたときに点Aと重なる点である。次の(1)，(2)の問いに答えなさい。〈島根県〉

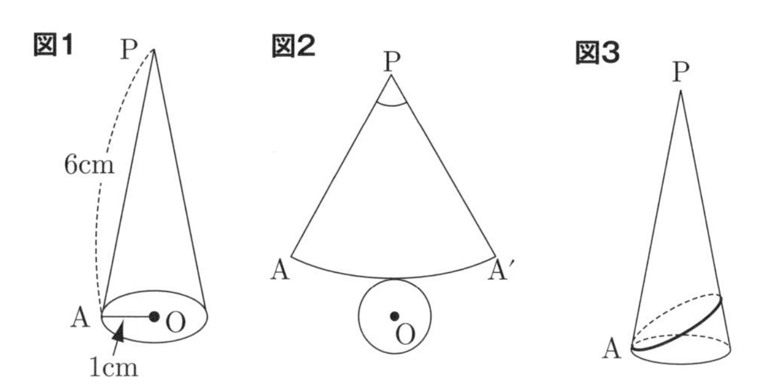

(1) **図2**のおうぎ形の中心角の大きさを求めなさい。

(2) **図3**のように，点Aから円すいの側面にそって，糸を1周巻きつけて点Aに戻す。糸の長さが最も短くなるとき，次の①，②に答えなさい。

① 糸のようすを側面の展開図に太線で表すとどのようになるか，次の**ア**〜**エ**から1つ選び，記号で答えなさい。

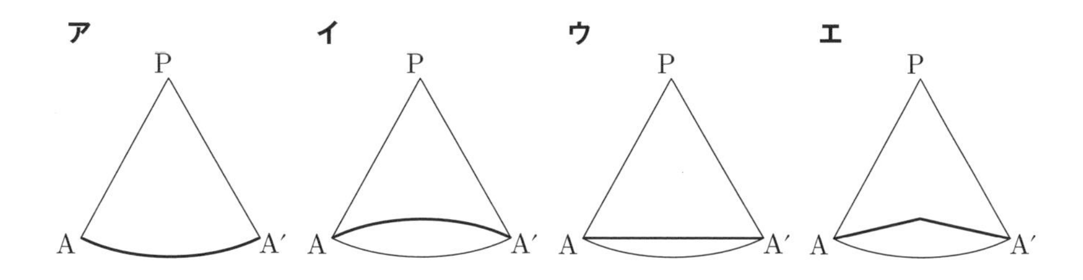

② 糸の長さは何 cm になるか，求めなさい。

9 図の立体 ABCD − EFGH は直方体であり，AB = 5cm，AD = 4cm，AE = 6cm である。D と E，D と F とをそれぞれ結ぶ。このとき，△ DEF は∠DEF = 90° の直角三角形である。△ DEF の面積を求めなさい。答えが根号をふくむ形になる場合は，その形のままでよい。〈大阪府　一部抜粋〉

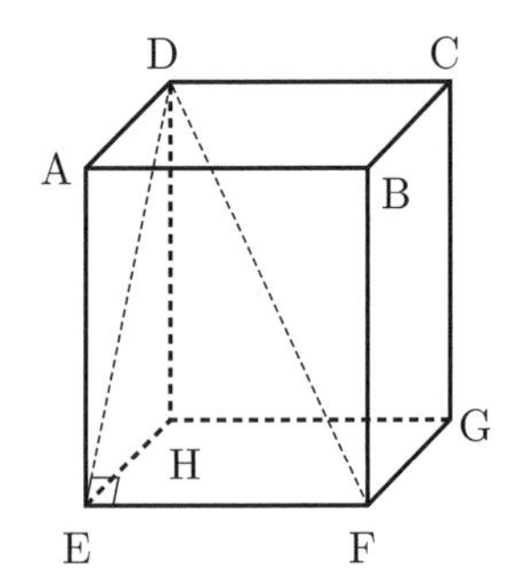

こう考える ∠DEF = 90° なので，△ DEF で三平方の定理を使おう。

10 右の図のような正四角すいがあり，底面は 1 辺が 2cm の正方形で，側面は等しい辺が 3cm の二等辺三角形である。このとき，次の(1)，(2)の問いに答えなさい。〈香川県〉

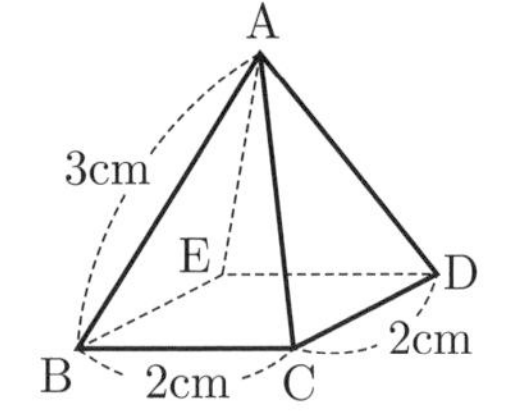

(1) この正四角すいの辺のうち，辺 AB とねじれの位置にある辺はどれか，すべて書きなさい。

(2) 点 B と点 D を結ぶとき，△ ABD の面積は何 cm^2 か，求めなさい。

11 右の図のように，三角すいABCDがあり，AB⊥BC，AB⊥BD，BC⊥BDである。BC = 3cm，BD = 4cm，三角すいABCDの体積が$8cm^3$であり，点Pが辺CD上を点CからDまで動くとき，次の(1)〜(3)の問いに答えなさい。〈富山県　一部抜粋〉

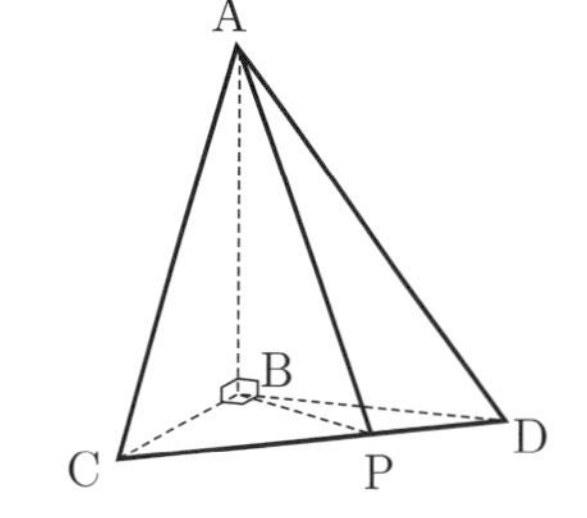

(1)　△ABPの面積が最も大きくなるとき，その面積を求めなさい。

(2)　点Pが辺CDの中点であるとき，△ABPの面積を求めなさい。

(3)　△ABPの面積が最も小さくなるとき，線分CPの長さを求めなさい。

12 図のように，街灯PQと長方形の壁ABCDがともに水平な地面に垂直に立っている。街灯の先端Pの位置に電灯がついており，電灯の光によって地面に壁の影BEFCができた。AB = 1m，AD = 3m，QC = 6m，CF = 2m，∠QBC = 90°のとき，次の(1)，(2)の問いに答えなさい。ただし，電灯の大きさ，壁の厚さは考えないものとする。〈愛知県〉

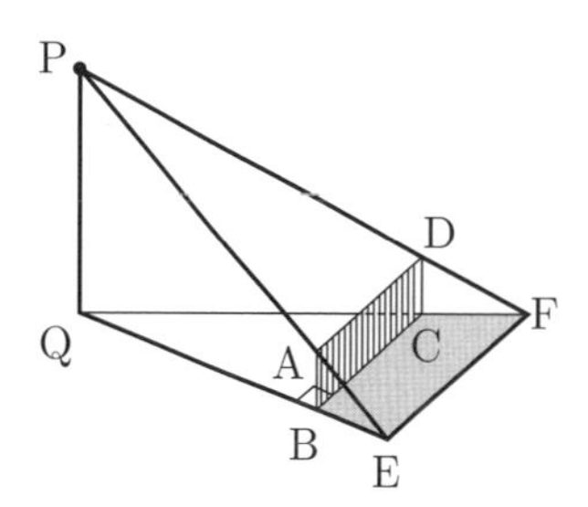

(1)　街灯PQの高さは何mか，求めなさい。

(2)　影BEFCの面積は何m^2か，求めなさい。

(2)　△QBC∽△QEFを利用する。

公式に持ち込めない

ここに注目で攻略

▶▶▶▶ 底面と高さを探せ！

例題1　立体の一部分の図形の体積を求める問題（1）

右の**図1**のように，AB = 3cm，AD = 4cm，AE = $\sqrt{7}$ cm の直方体 ABCD − EFGH がある。また，**図2**は**図1**の直方体の一部を切り取ってできた三角すい AEFG である。このとき，三角すい AEFG の体積を求めなさい。〈京都府　一部抜粋〉

図1

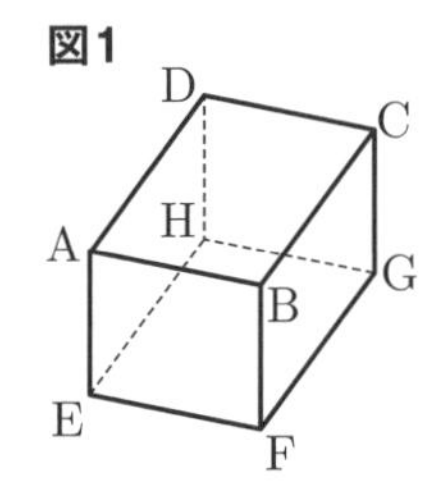

図2

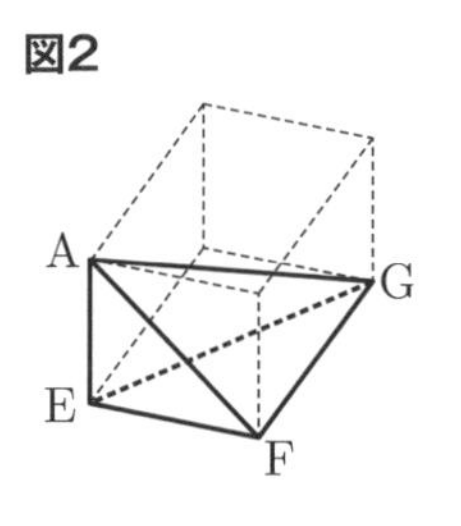

こう考える　①　垂直になっている面を見つける　②　底面と高さを決める

①　垂直になっている面を見つける

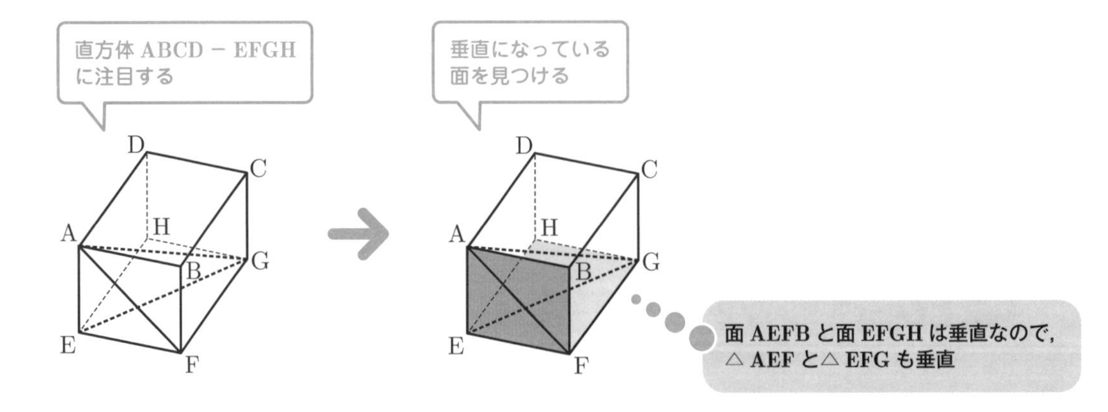

直方体 ABCD − EFGH
に注目する
垂直になっている
面を見つける
D
C
H
A
G
B
E
F
面 AEFB と面 EFGH は垂直なので，
△ AEF と△ EFG も垂直

②　底面と高さを決める

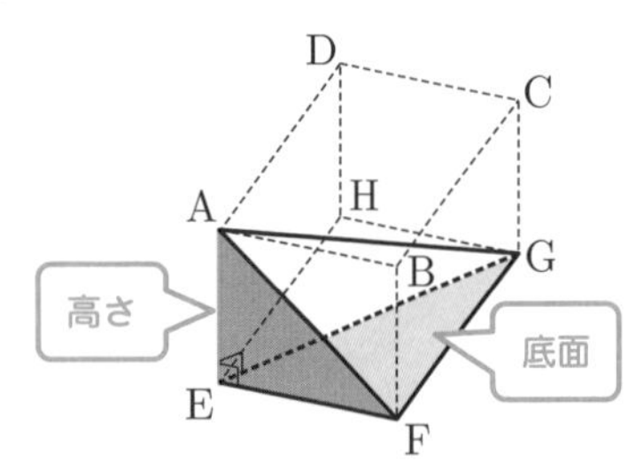

底面積を求める。

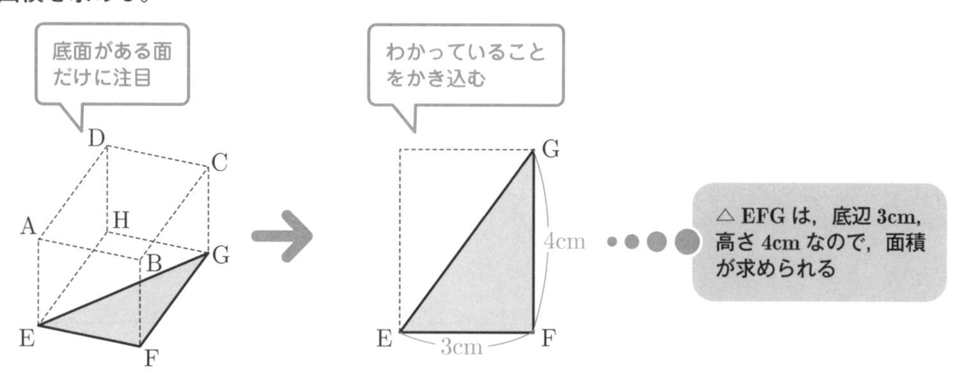

底面積は，$\frac{1}{2} \times 3 \times 4 = 6(\mathrm{cm}^2)$

高さを求める。

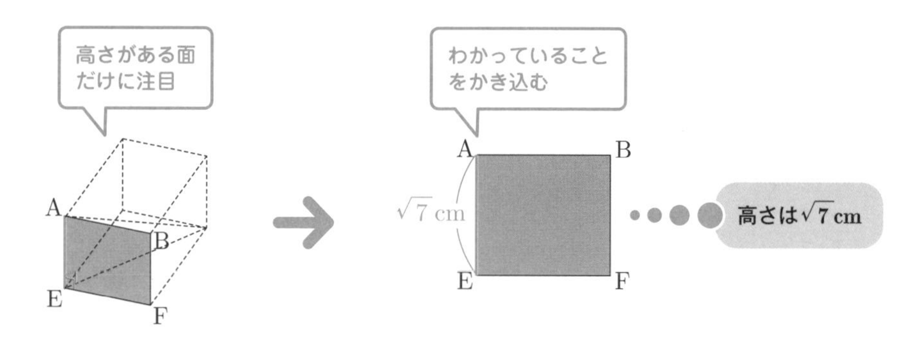

体積を求める。

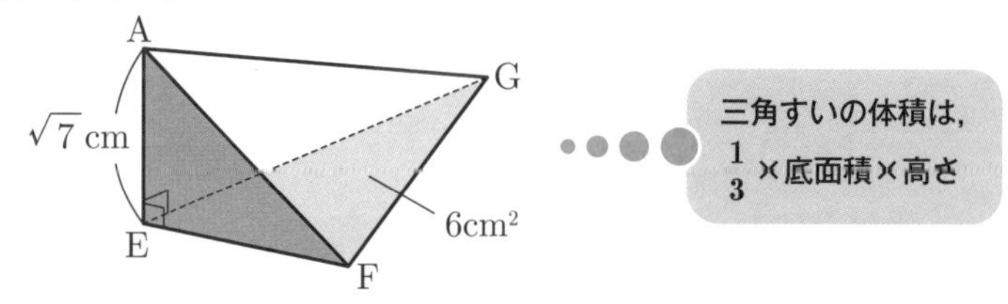

求める三角すいの体積は，底面積が 6cm^2，高さが $\sqrt{7}$ cm より，

$\frac{1}{3} \times 6 \times \sqrt{7} = 2\sqrt{7}\ (\mathrm{cm}^3)$

答え　$2\sqrt{7}\ \mathrm{cm}^3$

例題2　立体の一部分の図形の体積を求める問題(2)

右の図は，1辺の長さが 2cm の立方体 ABCD − EFGH である。この立方体を3点 A，F，H を通る平面で2つに分けるとき，点 C をふくむ側の立体の体積は何 cm^3 か。〈鹿児島県〉

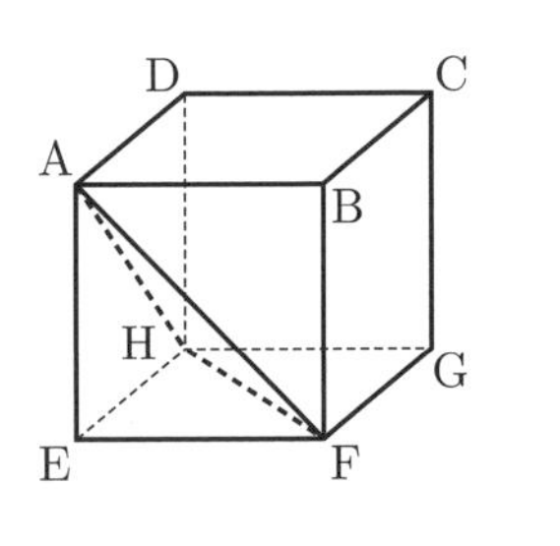

D
C
A
B
H
G
E
F

こう考える　求めたい立体の体積は，(全体) − (残りの立体) で求める。

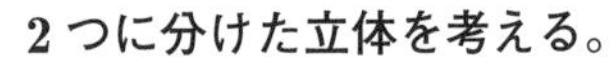

2つに分けた立体を考える。

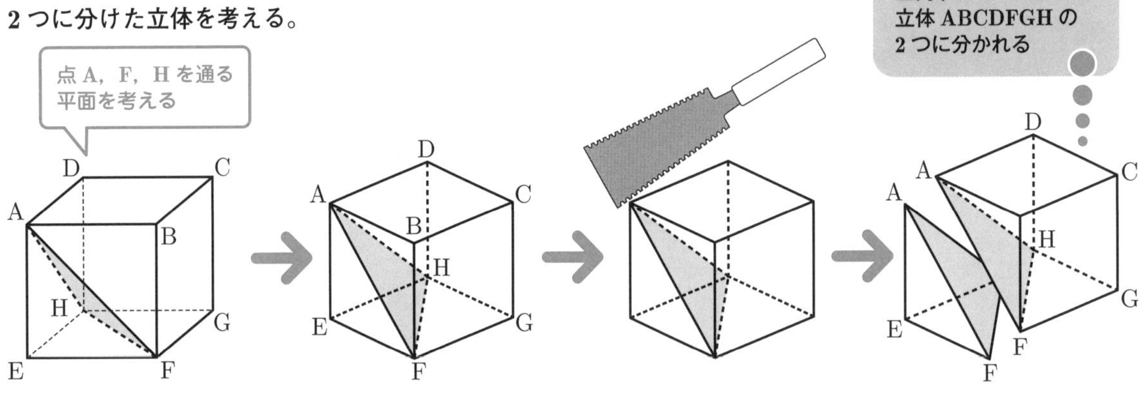

三角すい A − EFH と
立体 ABCDFGH の
2つに分かれる
点 A，F，H を通る
平面を考える
D
C
A
B
H
G
E
F

体積の求め方を考える。

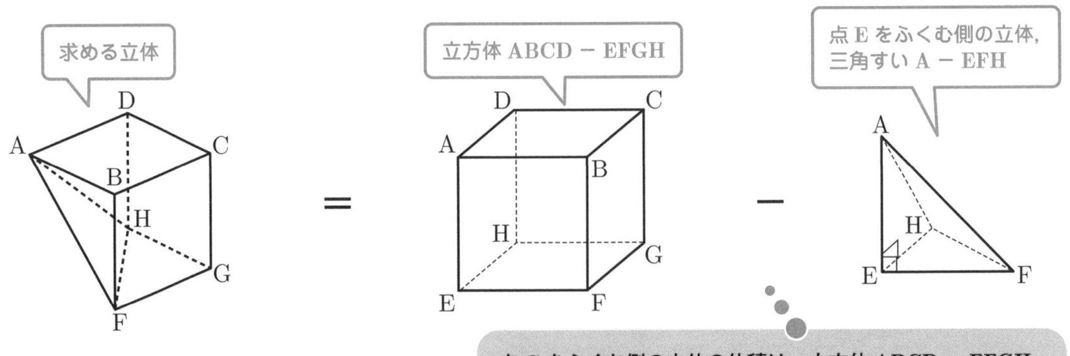

求める立体
立方体 ABCD − EFGH
点 E をふくむ側の立体，
三角すい A − EFH
=
−
点 C をふくむ側の立体の体積は，立方体 ABCD − EFGH
の体積から，三角すい A − EFH の体積を引いて求められる

立方体 ABCD − EFGH の体積を求める。

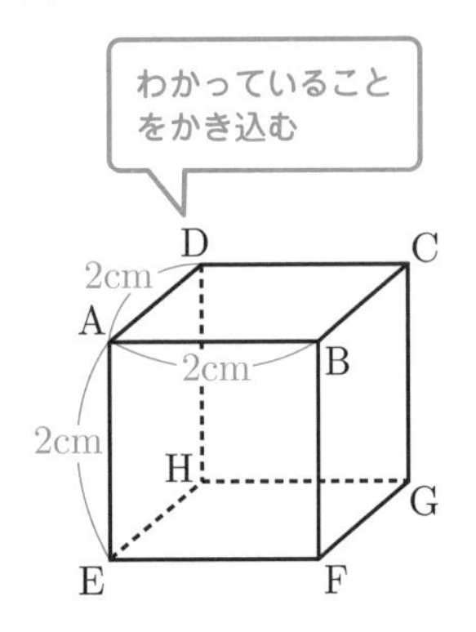

わかっていること
をかき込む
2cm
2cm
2cm
D
C
A
B
H
G
E
F

立方体 ABCD − EFGH の体積は，
$2 \times 2 \times 2 = 8(cm^3)$

三角すい A － EFH の底面と高さを決める。

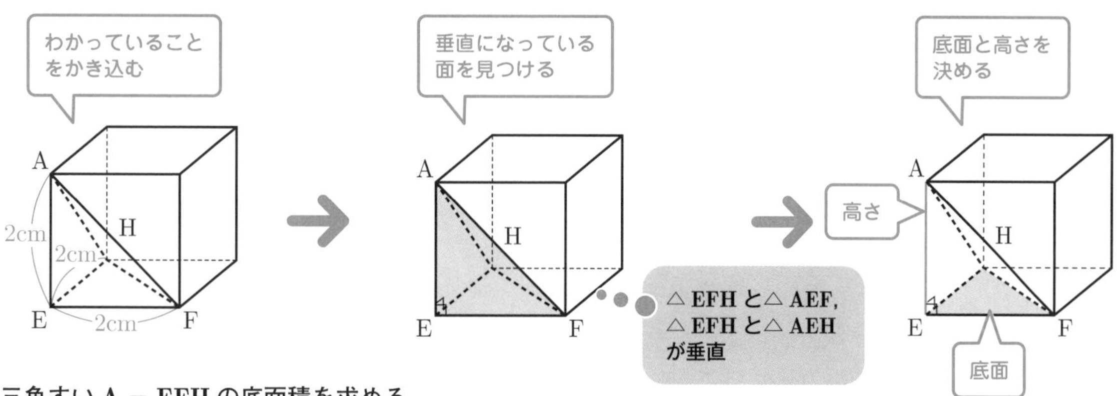

三角すい A － EFH の底面積を求める。

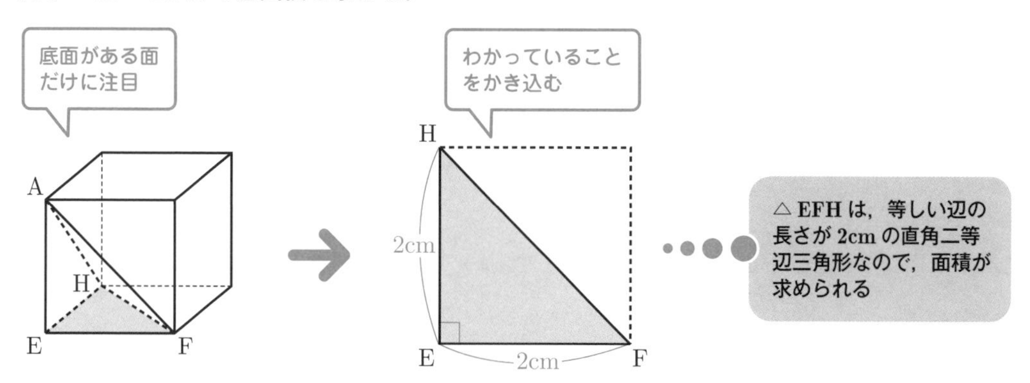

底面積は，$\frac{1}{2} \times 2 \times 2 = 2(\mathrm{cm}^2)$

三角すい A － EFH の高さを求める。

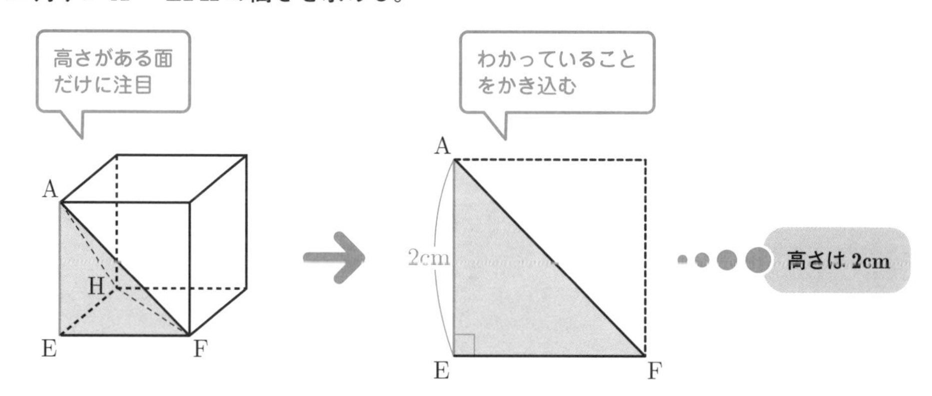

三角すい A － EFH の体積を求める。

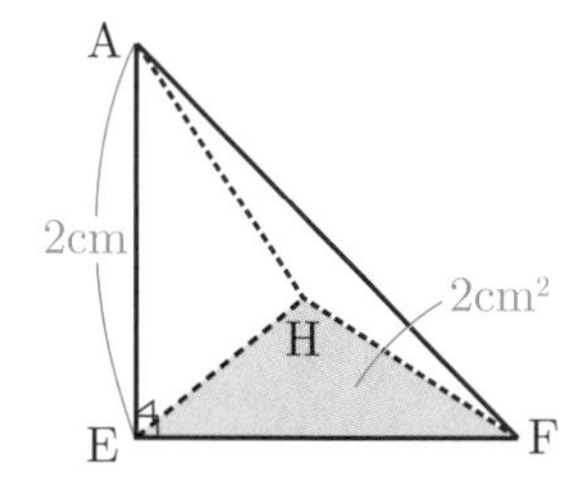

底面積が 2cm²，高さが 2cm より，体積は，

$\frac{1}{3} \times 2 \times 2 = \frac{4}{3}(\mathrm{cm}^3)$

以上より，点 C をふくむ側の立体の体積は，$8 - \frac{4}{3} = \frac{20}{3}(\mathrm{cm}^3)$

答え $\frac{20}{3}\mathrm{cm}^3$

入試問題にチャレンジ

答え ➡ 別冊 P.28

1 右の図のように，1 辺が 6cm の立方体 ABCD － EFGH がある。線分 AC と BD の交点を P とし，辺 EF，FG，GH，HE の中点をそれぞれ Q，R，S，T とする。点 P を頂点とし，六角形 QFRSHT を底面とする六角すいの体積を求めなさい。〈北海道〉

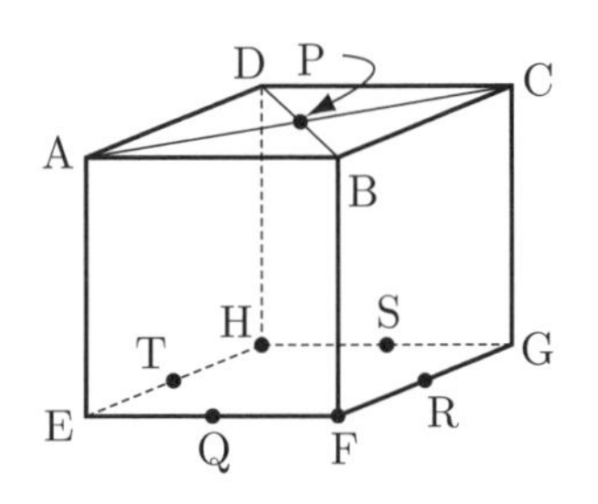

こう考える 六角形 QFRSHT の面積は，正方形 EFGH から，三角形の面積を引いて求められる。

2 下の図のように，1 辺が 4cm の立方体 ABCDEFGH がある。このとき，次の問いに答えなさい。〈長崎県〉

図1

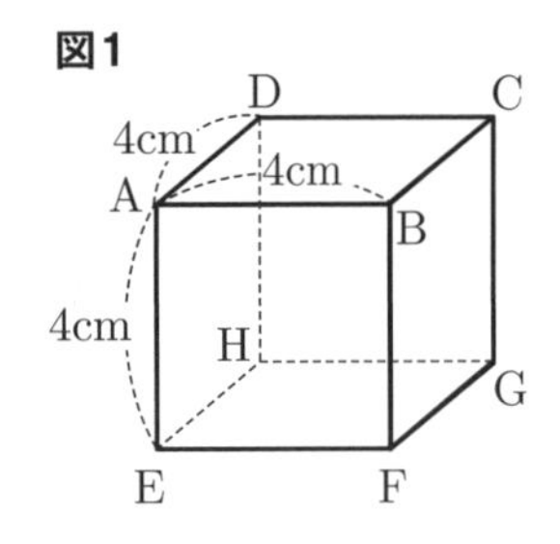

図2

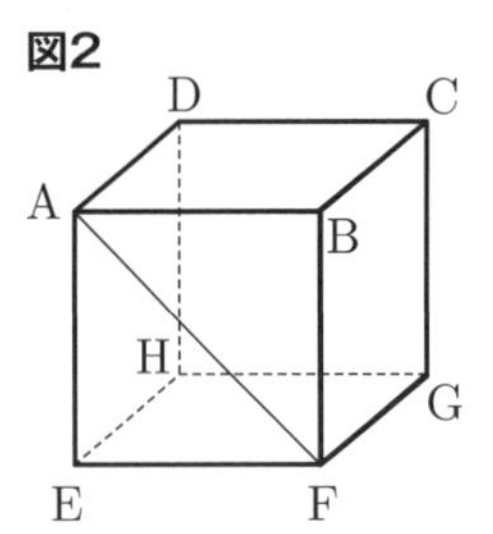

図3

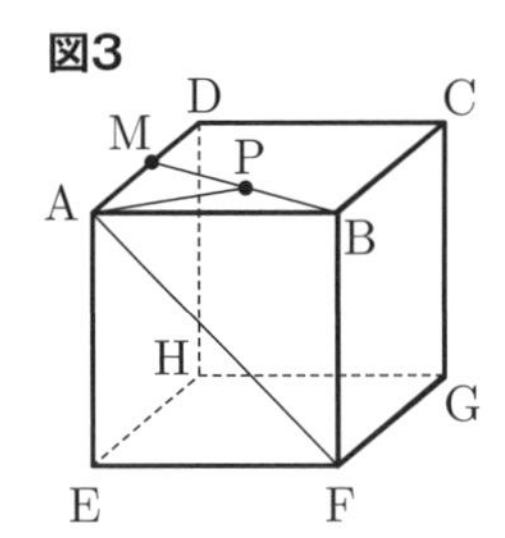

図4

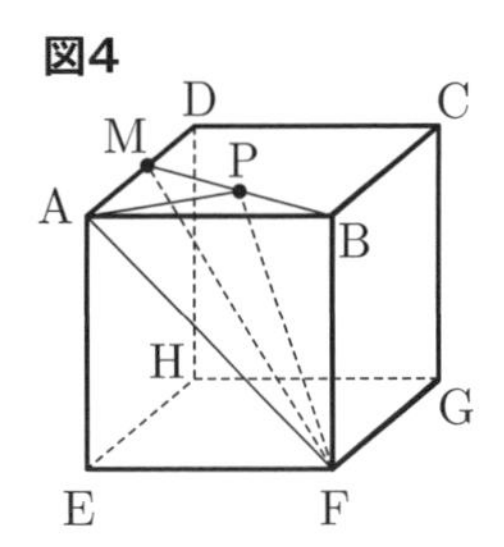

(1) **図1** において，辺 AD と平行な面は全部でいくつあるか，答えなさい。

(2) 立方体 ABCDEFGH の表面積は何 cm^2 か，求めなさい。

(3) **図2** において，線分 AF の長さは何 cm か，求めなさい。

(4) **図3**，**図4** のように，辺 AD の中点を M とし，線分 BM の中点を P とするとき，次の①，②に答えなさい。

① **図3** において，△ AMP の面積は何 cm^2 か，求めなさい。

② **図4** において，三角すい FAMP の体積は何 cm^3 か，求めなさい。

3 **図１～図３**のように，AB ＝ 5cm，AD ＝ 3cm，AE ＝ 4cm の直方体 ABCDEFGH がある。このとき，次の問いに答えなさい。〈長崎県〉

図1

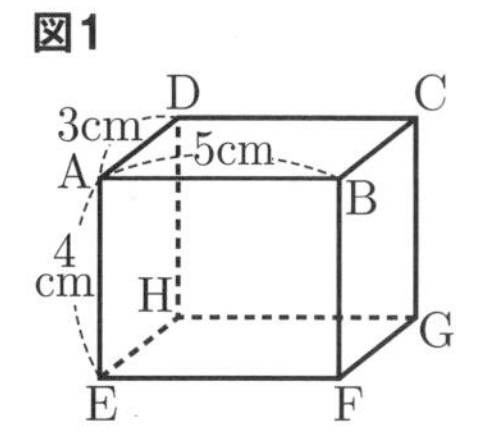

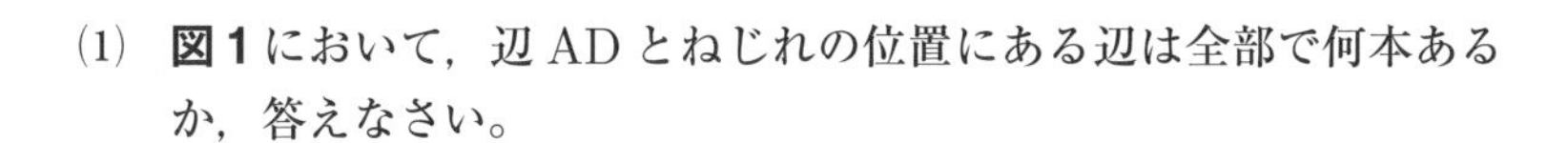

⑴ **図１**において，辺 AD とねじれの位置にある辺は全部で何本あるか，答えなさい。

図2

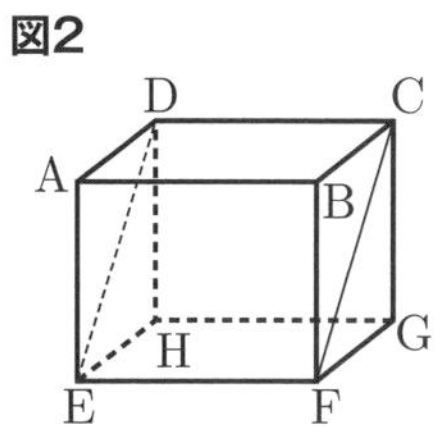

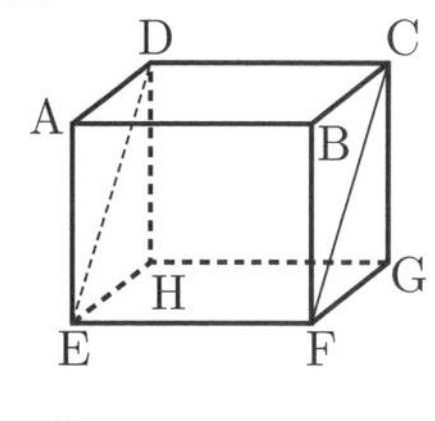

⑵ 直方体 ABCDEFGH の表面積は何 cm^2 ですか。

⑶ **図２**において，三角柱 AEDBFC の体積は何 cm^3 ですか。

図3

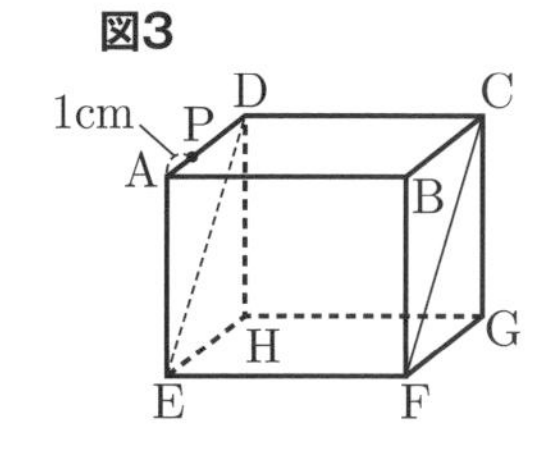

⑷ **図２**において，四角形 CDEF の面積は何 cm^2 ですか。

⑸ **図３**のように，AP ＝ 1cm となる点 P が辺 AD 上にあるとき，四角形 CDEF を底面とし，点 P を頂点とする四角すい PCDEF の体積は何 cm^3 ですか。

4 右の図のように，半径 4cm の円 O を底面とする半球があり，円 O の周上に，異なる 3 点 A，B，C を AB ＝ BC ＝ CA を満たすようにとる。また，線分 BC の中点を M とし，点 M を通り底面に垂直な直線がこの半球の表面と交わる点のうち，M と異なる点を P とする。このとき，次の⑴，⑵の問いに答えなさい。〈岩手県〉

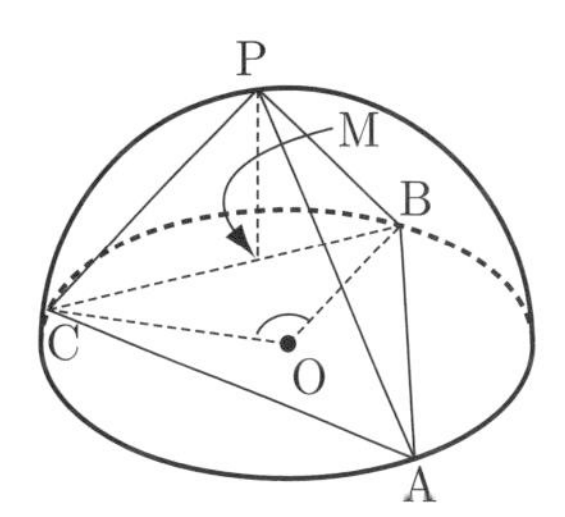

⑴ ∠BOC の大きさを求めなさい。

⑵ 三角すい PABC の体積を求めなさい。

データ・確率編

言葉が難しい！

丸暗記で攻略

3つの代表値と相対度数をおさえよう！

例題 代表値の問題

太郎さんのクラスの男子 16 人の，1 週間で図書室を利用した回数を，右のような度数分布表にまとめた。次の問いに答えなさい。

図書室を利用した回数(回)	度数(人)
0	3
1	1
2	1
3	2
4	9
計	16

(1) 平均値を求めなさい。ただし，小数第 2 位までの値で答えること。

(2) 中央値が含まれる階級の相対度数を求めなさい。ただし，小数第 2 位までの値で答えること。

(3) 太郎さんが 1 週間で図書室を利用した回数は，平均値よりも多い回数であった。このことから太郎さんは，図書室を多く利用している上位 8 人以内に入っていると考えた。この考えは必ず正しいといえるか。平均値，中央値という 2 つの語句を用いて簡潔に述べなさい。

こう考える 用語の意味と使い方を覚えよう。

ココは覚える

・**相対度数**…ある階級の度数の，度数全体に対する割合のこと。$\frac{(\text{ある階級の度数})}{(\text{度数の合計})}$ で求める。

代表値
- ・**平均値**…値の平均のこと。$\frac{\text{データの値の合計}}{\text{データの個数}}$ で求める。
- ・**中央値(メジアン)**…値を大きさの順に並べたとき，中央となる値。
- ・**最頻値(モード)**…データの中で，最も多く現れる値。

(1) $\frac{0\times3+1\times1+2\times1+3\times2+4\times9}{16}=2.8125$　小数第 3 位を四捨五入して，2.81 回

(2) 16 人を回数の少ない順に並べると，中央となる 8 番目の人も 9 番目の人も 4 回の階級に含まれる。よって，4 回の階級の相対度数を求めると，$\frac{9}{16}=0.5625$　小数第 3 位を四捨五入して，0.56

(3) (2)より「中央値が 4 回」ということは，最も回数が多い 4 回の人が，全体の半分の人数である 8 人以上いることになる（実際は，度数分布表より 4 回の人は 9 人いる）。また，「平均値が 2.81 回」なので，太郎さんが図書室を利用した回数が 3 回であった場合，平均値より多いが，中央値より少ないので，必ず正しいとはいえない。

平均値というのは，「いくつかの値を同じ大きさになるようにならしたもの」で，真ん中の値にはならないこともあるので注意しよう。

答え (1) **2.81回**　(2) **0.56**

(3) **このデータでは平均値よりも中央値のほうが大きく，太郎さんが3回だった場合，平均値より多いが，中央値より少ないので，クラスの上位8人以内には入らない。よって，必ず正しいとはいえない。**

入試問題にチャレンジ

答え ➡ 別冊 P.30

1 A中学校の3年生50人について通学時間を調べた。右の図は，その結果をヒストグラムに表したものであり，通学時間の平均値は17.2分であった。
なお，図において，たとえば5～10の階級では，通学時間が5分以上10分未満の3年生が7人いることを表している。次の問いに答えなさい。〈秋田県〉

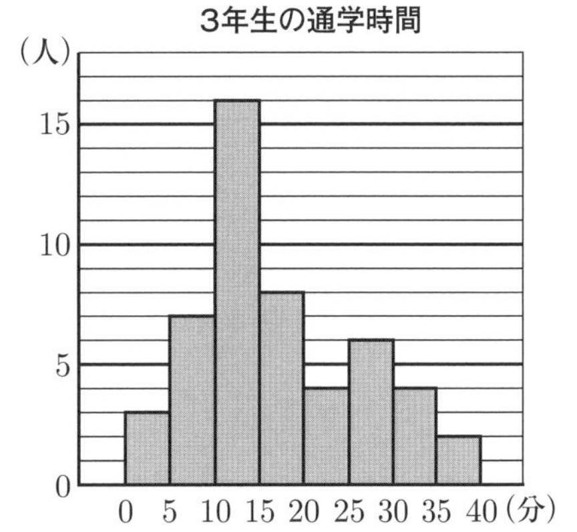

(1) 通学時間が30分以上である3年生の人数を求めなさい。

(2) A中学校の3年生である太一さんは，自分の通学時間について次のように考えた。**[太一さんの考え方]** は正しいか，正しくないかを答え，その理由を，調べた結果をもとに書きなさい。

[太一さんの考え方]

> 私の通学時間は16分です。これは平均値より小さいので，通学時間が短い方から人数を数えると，25番目以内に入ります。

こう考える (2) 通学時間が短い方から数えて25番目の3年生はどの階級に入るか考えよう。

2 右の図は，ある中学校の男子生徒50人のハンドボール投げの記録をヒストグラムに表したものである。表は，図の各階級の相対度数をまとめたものである。このとき，表のx, yの値を，それぞれ小数第2位まで答えなさい。〈新潟県〉

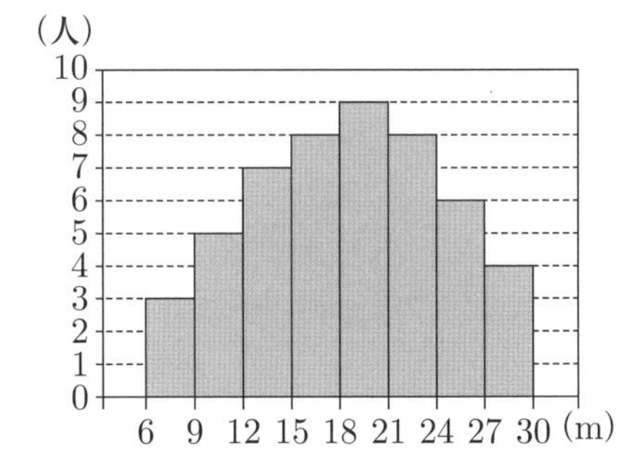

階級(m)	相対度数
以上　　未満	
6 ～ 9	x
9 ～ 12	0.10
12 ～ 15	0.14
15 ～ 18	0.16
18 ～ 21	0.18
21 ～ 24	0.16
24 ～ 27	y
27 ～ 30	0.08
計	1.00

箱ひげ図って何？

ここに注目で攻略

▶▶▶▶ 箱の長さ＝四分位範囲

例題1 **箱ひげ図を読みとる問題**

あるクラスの生徒35人が，数学と英語のテストを受けた。右の図は，それぞれのテストについて，35人の得点の分布のようすを箱ひげ図に表したものである。この図から読みとれることとして正しいものを，あとのア～エからすべて選んで，その符号を書きなさい。〈兵庫県〉

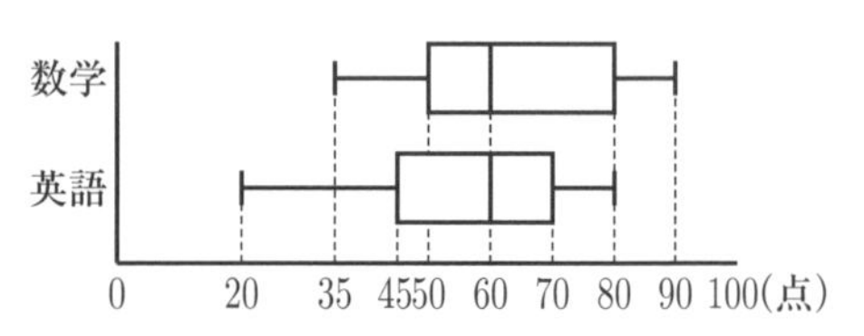

ア　数学，英語のどちらの教科も平均点は60点である。
イ　四分位範囲は，英語より数学の方が大きい。
ウ　数学と英語の合計得点が170点である生徒が必ずいる。
エ　数学の得点が80点である生徒が必ずいる。

こう考える
①箱が長いほど四分位範囲も大きい
②箱の左端が第1四分位数，箱の右端が第3四分位数

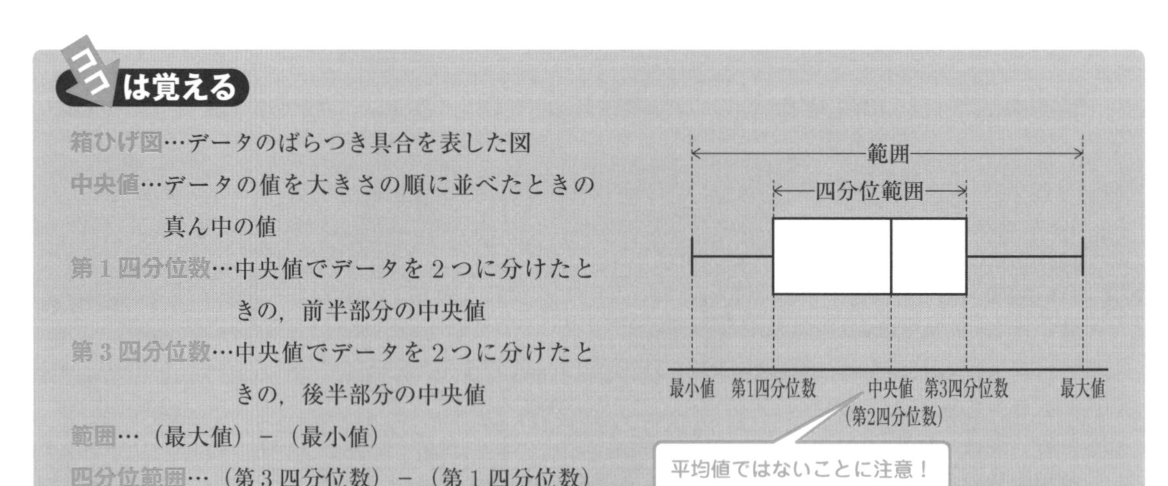

ココは覚える
箱ひげ図…データのばらつき具合を表した図
中央値…データの値を大きさの順に並べたときの真ん中の値
第1四分位数…中央値でデータを2つに分けたときの，前半部分の中央値
第3四分位数…中央値でデータを2つに分けたときの，後半部分の中央値
範囲…（最大値）－（最小値）
四分位範囲…（第3四分位数）－（第1四分位数）
範囲
四分位範囲
最小値
第1四分位数
中央値
(第2四分位数)
第3四分位数
最大値
平均値ではないことに注意！

ア…この箱ひげ図のデータだけでは，平均値はわからない。よって，誤り。
イ…数学の四分位範囲は $80-50=30$（点），英語の四分位範囲は $70-45=25$（点）だから，正しい。
ウ…箱ひげ図のデータだけでは，特定の生徒の数学と英語の得点はわからない。よって，誤り。
エ…生徒は35人であり，$35=17+1+17$ であるから，数学の得点が低い順に並べると，18番目の生徒が中央値である60点である。また，$17=8+1+8$ であるから，27番目の生徒が第3四分位数である80点である。よって，正しい。

答え　イ，エ

入試問題にチャレンジ

答え ➡ 別冊 P.30

1 和夫さんと紀子さんの通う中学校の3年生の生徒数は，A組35人，B組35人，C組34人である。図書委員の和夫さんと紀子さんは，3年生のすべての生徒について，図書室で1学期に借りた本の冊数の記録を取り，その記録を箱ひげ図に表すことにした。
次の図は，3年生の生徒が1学期に借りた本の冊数の記録を，クラスごとに箱ひげ図に表したものである。

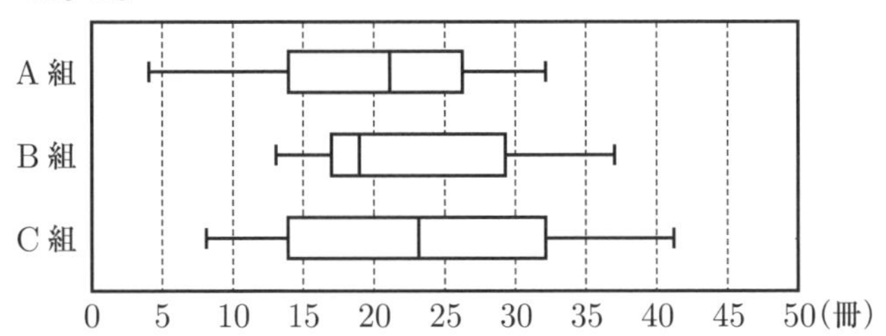

和夫さんは，図から読みとれることとして次のように考えた。
和夫さんの考え
（Ⅰ） 四分位範囲が最も大きいのはA組である。
（Ⅱ） 借りた本の冊数が20冊以下である人数が最も多いのはB組である。
（Ⅲ） どの組にも，借りた本の冊数が30冊以上35冊以下の生徒が必ずいる。
図から読みとれることとして，和夫さんの考え（Ⅰ）～（Ⅲ）はそれぞれ正しいといえますか。次のア～ウの中から最も適切なものを1つずつ選び，その記号をかきなさい。〈和歌山県〉
ア 正しい　　**イ** 正しくない　　**ウ** この資料からはわからない

こう考える （Ⅱ） A組，B組，C組の記録の中央値に注目しよう。

2 次の図は，C，D，Eの3か所の農園で，それぞれ収穫した400個のイチゴの重さを調べて，箱ひげ図にまとめたものである。この箱ひげ図から読みとることができることがらとして正しいものを，あとのア～オから**2**つ選び，記号で答えなさい。〈鳥取県〉

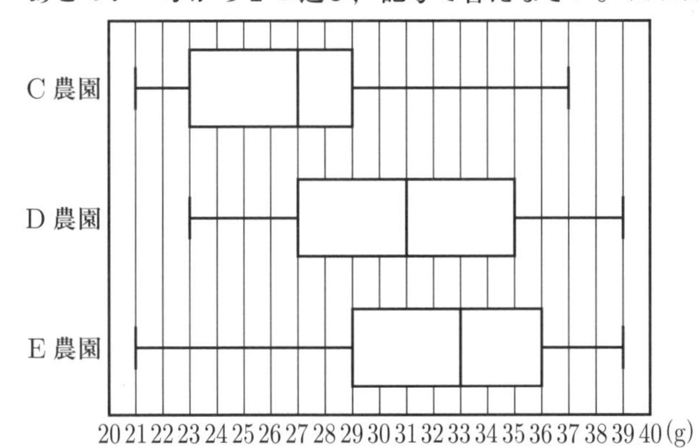

ア C農園のいちごの重さの平均値は27gである。
イ C，D，Eの農園の中では，第1四分位数と第3四分位数ともに，E農園が一番大きい。
ウ C，D，E農園の中で，重さが34g以上のいちごの個数が一番多いのはE農園である。
エ C，D，Eの農園の中では，四分位範囲は，E農園が一番大きい。
オ 重さが30g以上のいちごの個数は，D農園とE農園ともに，C農園の2倍以上である。

考え方がわからない

見える化で攻略

▶▶▶▶ とにかく書き出せ！

例題1 もとのものが2つの場合

大小2つのさいころを投げるとき，出た目の数の積が1けたの数となる確率を求めなさい。ただし，2つのさいころはともに，どの目が出ることも同様に確からしいとする。〈石川県〉

こう考える 2つのものについて考える問題は，表に書き出す。

「大小2つ」なので，表に書き出す。

大＼小	1	2	3	4	5	6
1	①	②	③	④	⑤	⑥
2	②	④	⑥	⑧	10	12
3	③	⑥	⑨	12	15	18
4	④	⑧	12	16	20	24
5	⑤	10	15	20	25	30
6	⑥	12	18	24	30	36

積をすべてここに書く！あてはまるものには○をつけて数えよう

表より，全部で36通りのうち，出た目の数の積が1けたの数となるのは17通りなので，$\frac{17}{36}$

答え $\frac{17}{36}$

例題2 もとのものが3つ以上の場合

(1) 赤玉3個，白玉2個が入っている袋がある。この袋の中から1個ずつ2回玉を取り出すとき，1回目と2回目に取り出した玉の色が異なる確率を求めなさい。ただし，取り出した玉はもとにもどさないものとする。〈新潟県〉

(2) 右の図のように，袋の中に整数1，2，3，4，5を1つずつ書いた玉が5個入っている。この袋の中から同時に2個の玉を取り出すとき，取り出した2個の玉に書かれた数の積が奇数になる確率を求めなさい。ただし，どの玉の取り出し方も同様に確からしいものとする。〈秋田県〉

こう考える **3つ以上のものについて考える問題は樹形図をかく。**

(1) **「赤玉3個，白玉2個」と，3個以上あるので，赤玉を，「赤₁，赤₂，赤₃」，白玉を，「白₁，白₂」として樹形図をかく。**

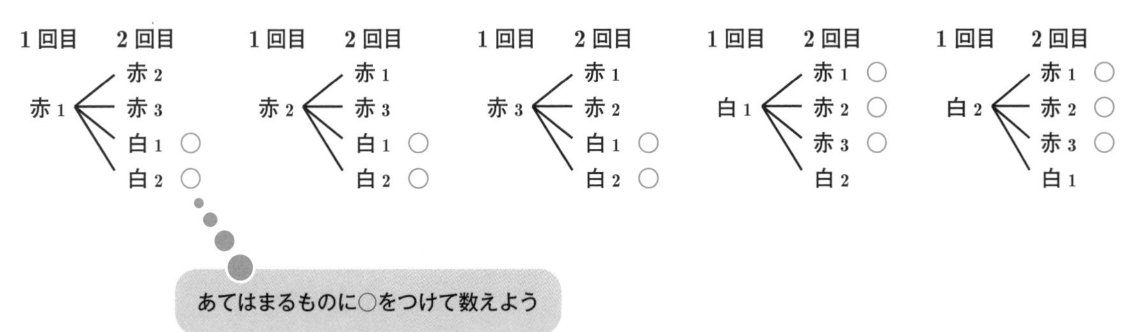

樹形図より，全部で20通りのうち，取り出した玉の色が異なるのは12通りなので，$\frac{12}{20}=\frac{3}{5}$

(2) **次の2つは同じことなので注意する。**

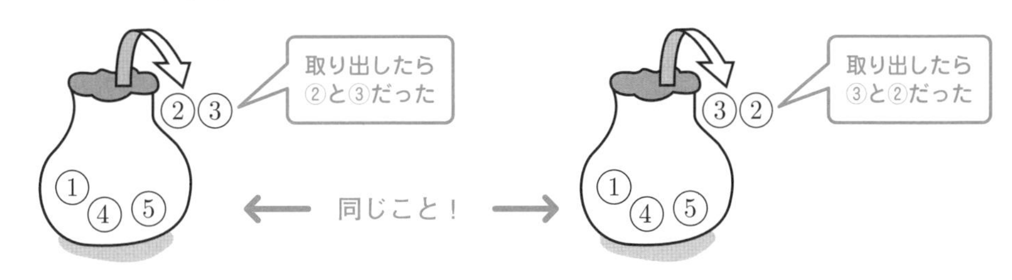

「玉が5個」より，3個以上なので，樹形図をかく。

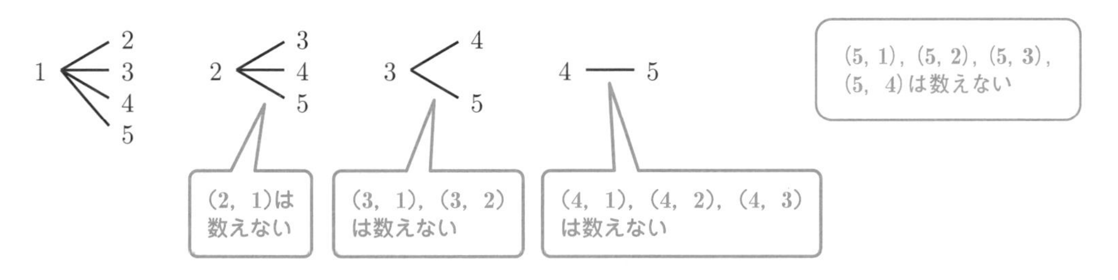

樹形図より，全部で10通りのうち，積が奇数になるのは，

(1，3) → $1\times 3=3$

(1，5) → $1\times 5=5$

(3，5) → $3\times 5=15$

の3通りなので，求める確率は，$\frac{3}{10}$

めんどくさいけどしかたないなあ。

答え

(1) $\frac{3}{5}$　(2) $\frac{3}{10}$

入試問題にチャレンジ

答え ➡ 別冊 P.31

1 2つのさいころを同時に投げるとき，出る目の数の積が12の倍数である確率はいくらですか。1から6までのどの目が出ることも同様に確からしいものとして答えなさい。〈大阪府〉

こう考える ▶ 2つのさいころの目の出方を表にまとめる。

2 大小2つのさいころを同時に投げるとき，大きいさいころの出た目の数を a，小さいさいころの出た目の数を b とする。$\dfrac{12}{a+b}$ が整数になる確率を求めなさい。〈青森県〉

3 袋の中に，赤玉2個，白玉1個，青玉1個が入っている。この袋の中から同時に玉を2個取り出すとき，それらが赤玉と白玉1個ずつである確率を求めなさい。
ただし，どの玉が取り出されることも同様に確からしいものとする。〈山梨県〉

こう考える ▶ 同時に2個の玉を取り出すので，組み合わせを樹形図でかき出す。

4 袋の中に，赤玉３個と白玉３個が入っている。この袋の中から，同時に２個の玉を取り出すとき，２個とも同じ色の玉である確率を求めなさい。
ただし，どの玉を取り出すことも同様に確からしいものとする。〈福岡県〉

5 A，B，Cの３人の女子と，D，Eの２人の男子がいる。この５人のなかから，くじびきで２人を選ぶとき，女子１人，男子１人が選ばれる確率を求めなさい。〈岩手県〉

こう考える　選ばれる２人の組み合わせは全部で10通り。

6 右の図のように，袋の中に１，２，３，４の数字が１つずつ書かれた４個の白玉と，５，６の数字が１つずつ書かれた２個の黒玉が入っている。このとき，次の各問いに答えなさい。〈三重県〉

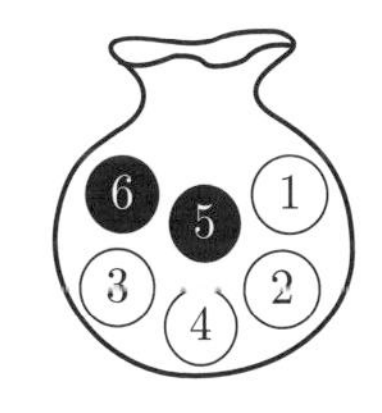

(1)　この袋から同時に２個の玉を取り出すとき，取り出した玉が２個とも白玉となる確率を求めなさい。

(2)　この袋から同時に２個の玉を取り出すとき，取り出した玉に書かれた数の和が６以上となる確率を求めなさい。

【出典の補足】
2013年埼玉県…p.51 大問6

高校入試 ニガテをなんとかする問題集 数学

解答・解説

数と式編

説明できたらカッコイイのに…

本冊 ➡ P.9

1 ア $n+1$　イ $n-1$
ウ $4n$　エ 4

2 (1) 偶数(または，2の倍数)
(2) $a+b+c+d$が3の倍数かどうかを調べる。

解説

1 連続する3つの整数で，真ん中の数をnとおいているので，

・最も大きい整数は，$\boldsymbol{n+1}$

・最も小さい整数は，$\boldsymbol{n-1}$

と表される。最も大きい整数の2乗から最も小さい整数の2乗を引くと，

$(n+1)^2-(n-1)^2$

$=n^2+2n+1-n^2+2n-1$

$=4n$

nは真ん中の整数なので，最も大きい整数の2乗から最も小さい整数の2乗を引くと，真ん中の整数の4倍となることがわかる。

2 (1) aが1～9の自然数，bとcがそれぞれ0～9の整数であることより，

$\boldsymbol{500a+50b+5c}$も自然数である。よって，$2(\boldsymbol{500a+50b+5c})$は，自然数を2倍した数なので，2の倍数である。

$2(500a+50b+5c)+\boldsymbol{d}$は，2の倍数に$d$，つまり，一の位の数をたした形になっているので，一の位の数が偶数であれば，4けたの自然数は，2の倍数であるといえる。

(2) $3(333a+33b+3c)$は自然数を3倍した数なので，3の倍数である。

$3(333a+33b+3c)+(\boldsymbol{a+b+c+d})$は，3の倍数に$a+b+c+d$，つまり，千の位の数と百の位の数と十の位の数と一の位の数をたした形になっているので，千の位の数と百の位の数と十の位の数と一の位の数の和が3の倍数であれば，4けたの自然数は，3の倍数であるといえる。

ポイント 倍数や偶数・奇数について，次のことを覚えておこう。
・(nの倍数)＋(nの倍数)＝(nの倍数)　(nは整数)
・偶数＋偶数＝偶数
・奇数＋奇数＝偶数
・偶数＋奇数＝奇数

規則がキライ

本冊 ➡ P.12

1 (1) 12　(2) 39
2 36 枚
3 (1) 191　(2) 第 30 行で第 7 列

解説

1(1)・1 番目…$1 \times 2 = 2$ までの数
・2 番目…$2 \times 2 = 4$ までの数
・3 番目…$3 \times 2 = 6$ までの数
となっているので，
・n 番目…$n \times 2 = 2n$ までの数
が並ぶことがわかる。また，
・奇数番目…いちばん大きい数が右端の下段
・偶数番目…いちばん大きい数が右端の上段
にあるので，
・7 番目…$7 \times 2 = 14$ が，右端の下段
にあることがわかる。よって，7 番目の表の上段で，右端から 2 番目にある数は，
$14 - 2 = 12$ である。
(2)・10 番目…1 から，$10 \times 2 = 20$ までの数が並ぶ。
・9 番目…1 から，$9 \times 2 = 18$ までの数が並ぶ。よって，
(10番目までの数の和) − (9番目までの数の和)
$= (\underline{1 + 2 + \cdots + 17 + 18} + 19 + 20)$
$- (\underline{1 + 2 + \cdots + 17 + 18})$
$= 19 + 20$
$= 39$
である。

2 必要なタイルの枚数は，
・1 番目… $1(=1^2)$ 枚
・2 番目… $4(=2^2)$ 枚
・3 番目… $9(=3^2)$ 枚
・4 番目…$16(=4^2)$ 枚
なので，
・n 番目…n^2 枚
となる。よって，
・6 番目…$6^2 = 36$(枚)
である。

3(1)同じ列に並ぶ数は，行が増えるごとに 13 ずつ大きくなっていることから，a の値は，
$179 + 13 - 1 = 191$
である。

	第1列	第2列
第 1 行	1	2
第 2 行	14	15
第 3 行	27	28

(+ 13)(+ 13)

(2)枠で囲まれた 9 つの数を，a を用いて表すと，右の表のようになる。よって，この 9 つの数の和は，

$a-14$	$a-13$	$a-12$
$a-1$	a	$a+1$
$a+12$	$a+13$	$a+14$

$(a - 14) + (a - 13) + (a - 12) + (a - 1) + a + (a + 1) + (a + 12) + (a + 13) + (a + 14)$
$= a \times 9 = 9a$
したがって，
$9a = 3456$，$a = 384$
である。ここで，この表の 1 行に 13 個ずつ自然数が並ぶことから，
$384 \div 13 = 29$ あまり 7 より，384 は第 30 行で第 7 列の数である。

√がメンドウ

本冊 ➡ P.15

1 7個

2 $\frac{6}{\sqrt{6}} < \sqrt{7} < 3$

3 $k = 7$

4 4個

解説

1 3つの数をそれぞれ2乗すると，

$2^2 = 4$, $(\sqrt{a})^2 = a$, $\left(\frac{10}{3}\right)^2 = \frac{100}{9} = 11\frac{1}{9}$

よって，a は，4より大きく，$11\frac{1}{9}$ より小さい整数なので，$a = 5, 6, 7, 8, 9, 10, 11$ の7個である。

2 3つの数をそれぞれ2乗すると，

$(\sqrt{7})^2 = 7$, $3^2 = 9$, $\left(\frac{6}{\sqrt{6}}\right)^2 = \frac{6^2}{(\sqrt{6})^2} = 6$

よって，$6 < 7 < 9$ より，$\frac{6}{\sqrt{6}} < \sqrt{7} < 3$

3 まず，ルートの中を整理すると，

$\sqrt{48(17 - 2k)}$
$= \sqrt{4^2 \times 3(17 - 2k)}$
$= 4 \times \sqrt{3(17 - 2k)}$

よって，$\sqrt{3(17 - 2k)}$ が整数か，

または，$\frac{1}{2}$，$\frac{1}{4}$ であれば $\sqrt{48(17 - 2k)}$ は整数であるといえる。

$\sqrt{3(17 - 2k)}$ が，$\frac{1}{2}$ または $\frac{1}{4}$ の場合について考えると，

$\sqrt{3(17 - 2k)} = \frac{1}{2}$ のとき，$k = \frac{203}{24}$

$\sqrt{3(17 - 2k)} = \frac{1}{4}$ のとき，$k = \frac{815}{96}$ となり，

不適。よって，$\sqrt{3(17 - 2k)}$ が整数であれば，$\sqrt{48(17 - 2k)}$ も整数であるといえる。

$\sqrt{3(17 - 2k)}$ が整数であるということは，$3(17 - 2k)$ が整数の2乗であればよい。k が正の整数であることより，これを満たすのは，$17 - 2k = 3n^2$（n は自然数）のときである。

$n = 1$ のとき，

$17 - 2k = 3 \times 1^2$
$2k = 14$
$k = 7$

$n = 2$ のとき，

$17 - 2k = 3 \times 2^2$
$2k = 5$
$k = \frac{5}{2}$

$n = 3$ のとき，

$17 - 2k = 3 \times 3^2$
$2k = -10$
$k = -5$

よって，$n = 2$ のときは，k は整数ではなく，$n \geqq 3$ のときは，$k < 0$ となるので不適。よって，$k = 7$ である。

4 まず，ルートの中を整理すると，

$\sqrt{\frac{540}{n}} = \sqrt{\frac{6^2 \times 15}{n}} = 6 \times \sqrt{\frac{15}{n}}$

よって，$\sqrt{\frac{15}{n}}$ が整数か，または，$\frac{1}{2}$，$\frac{1}{3}$，$\frac{1}{6}$ であれば，$\sqrt{\frac{540}{n}}$ は整数であるといえる。

・$\sqrt{\frac{15}{n}}$ が整数であるとき，$\frac{15}{n}$ は整数の2乗となるので，これを満たすのは，$n = 15$ のときである。

・$\sqrt{\frac{15}{n}} = \frac{1}{2}$ であるとき，$\frac{15}{n} = \frac{1}{4}$ となるので，これを満たすのは，$n = 60$ のときである。

・$\sqrt{\frac{15}{n}} = \frac{1}{3}$ であるとき，$\frac{15}{n} = \frac{1}{9}$ となるので，これを満たすのは，$n = 135$ のときである。

・$\sqrt{\frac{15}{n}} = \frac{1}{6}$ であるとき，$\frac{15}{n} = \frac{1}{36}$ となるので，これを満たすのは，$n = 540$ のときである。

以上より，問題の条件を満たす n は，15，60，135，540 の4個である。

方程式編

式がつくれない

本冊➡P.17

1 81，92

2 (1) $x-5$　(2) $2x-1$

(3) A = 7，B = 2，C = 13
（求めるまでの過程は解説を参照）

3 9

解説

1 2けたの自然数Aを，$10a+b$（a，bは9以下の自然数で，$a>b$）と表すと，自然数Bは，$10b+a$と表される。よって，A − Bは，

$$10a+b-(10b+a)=9a-9b$$
$$=9(a-b)$$

よって，$a-b$が7の倍数であれば，A − Bは7の倍数であるといえる。a，bはともに9以下の自然数なので，$a-b=7$のみである。$a>b$なので，差が7となる2つの数の組み合わせは，$a=8$，$b=1$のときと，$a=9$，$b=2$のときだけである。したがって，求める自然数Aは，81，92となる。

2 (1)整数Bは，整数Aより5小さい数なので，$x-5$と表される。

(2)整数Cは，整数Aの2倍より1小さい数なので，$x\times2-1=2x-1$と表される。

(3) AとBの積は，$x(x-5)$，Cを3倍したものは，$3(2x-1)$と表されるので，

$$x(x-5)=3(2x-1)-25$$
$$x^2-5x=6x-3-25$$
$$x^2-11x+28=0$$
$$(x-4)(x-7)=0$$
$$x=4,\ 7$$

$x=4$のとき，整数Aは4，整数Bは$4-5=-1$，整数Cは$2\times4-1=7$となり，3つの整数は1から20までの正の整数なので，問題の条件に合わない。
$x=7$のとき，整数Aは7，整数Bは$7-5=2$，整数Cは　$2\times7-1=13$となり，問題の条件に合う。よって，　A = 7，B = 2，C = 13である。

3 週の曜日の日にちを表す数は，連続した自然数が並ぶことを利用する。火曜日の日にちを表す数をxとおくと，月曜日は$x-1$，水曜日は$x+1$と表される。よって，

$$(x-1)(x+1)=9x-1$$
$$x^2-1=9x-1$$
$$x^2-9x=0$$
$$x(x-9)=0$$
$$x=0,\ 9$$

日にちを表す数は自然数なので，問題の条件を満たす火曜日は9日である。

文が長いと意味不明

本冊➡P.20

1 (1) ① $1200 + x + y$

② $8 + \dfrac{x}{120} + \dfrac{y}{180}$

(2) A 地点から B 地点まで…1440m
B 地点からゴール地点まで…360m

(3) 分速 132m

2 750m

3 (1) 太郎…ウ　花子…ア

(2) ① $x + y$　② 4　③ 200

4 分速 75m

解説

1 (1)図に表すと次のようになる。

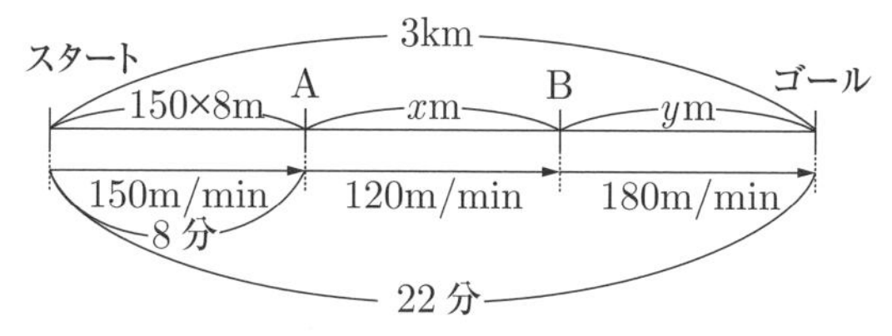

スタート地点から A 地点までの道のりは，分速 150m で 8 分間走ったので，
$150 \times 8 = 1200$(m) である。よって，A 地点から B 地点までの道のりを xm，B 地点からゴール地点までの道のりを ym とすると，
(スタート地点から A 地点までの道のり) + (A 地点から B 地点までの道のり) + (B 地点からゴール地点までの道のり) = 3000
より，
$1200 + x + y = 3000$　…①
が成り立つ。また，
(スタート地点から A 地点まで走るのにかかった時間) + (A 地点から B 地点まで走るのにかかった時間) + (B 地点からゴール地点まで走るのにかかった時間) = 22
だから，$(\text{時間}) = \dfrac{(\text{道のり})}{(\text{速さ})}$ より，A 地点から B 地点まで走るのにかかった時間は，

$\dfrac{x}{120}$ 分，

B 地点からゴール地点まで走るのにかかった時間は，$\dfrac{y}{180}$ 分

したがって，

$8 + \dfrac{x}{120} + \dfrac{y}{180} = 22$　…②が成り立つ。

(2)(1)の①を整理すると，$x = -y + 1800$ …③
②の両辺を 360 倍し，整理すると，
$3x + 2y = 5040$　…④
③を④に代入すると，
$3(-y + 1800) + 2y = 5040$,
$-y = -360$，$y = 360$
$y = 360$ を③に代入すると，
$x = -360 + 1800 = 1440$
よって，A 地点から B 地点までは 1440m，B 地点からゴール地点までは 360m となる。

(3)(2)より，スタート地点から B 地点までの道のりは，$1200 + 1440 = 2640$(m) である。

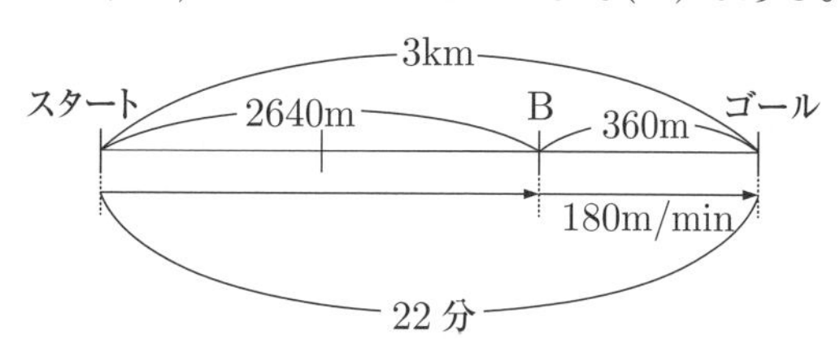

上の図より，B 地点からゴール地点までの 360m を分速 180m で走っているので，かかった時間は，$360 \div 180 = 2$(分) となり，スタート地点から B 地点までは，$22 - 2 = 20$(分) かかったことがわかる。よって，スタート地点から B 地点までを走った速さは，
$2640 \div 20 = 132$(m/min) となる。

2 花子さんは，始業時刻の 17 分前に家を出て，2 分前に学校に到着したので，家から学校までかかった時間は，$17 - 2 = 15$(分) である。家から A 地点までの道のりを xm として図に表すと，次のようになる。

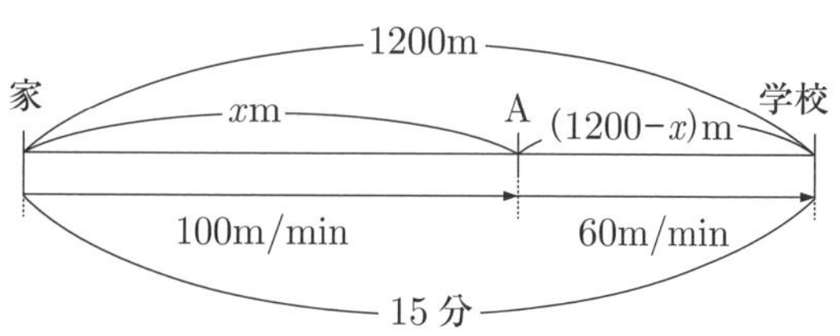

図より，家からA地点までのxmを分速100mで走っているので，かかる時間は，

$\dfrac{x}{100}$分，A地点から学校までの$(1200 - x)$mを分速60mで歩いているので，かかる時間は，$\left(\dfrac{1200 - x}{60}\right)$分と表される。よって，

(家からA地点までかかった時間)＋(A地点から学校までかかった時間)＝15

が成り立つので，

$$\frac{x}{100} + \frac{1200 - x}{60} = 15$$

$$3x + 6000 - 5x = 4500$$

$$2x = 1500$$

$$x = 750$$

したがって，家からA地点までの道のりは，750mである。

3 午前8時30分に学校を出発し，休憩所で30分間休憩してから午後1時に目的地に到着したので，走った時間は合計で4時間である。

・学校から休憩所までにかかった時間をx時間とすると，(道のり)＝(速さ)×(時間)より，学校から休憩所までの道のりは$40x$kmと表すことができる。

・学校から休憩所までの道のりを$x$kmとすると，(時間)＝$\dfrac{(道のり)}{(速さ)}$より，学校から休憩所までにかかった時間は$\dfrac{x}{40}$時間と表すことができる。よって，太郎さんがつくった連立方程式は，学校から休憩所までにかかった時間をx時間とし，花子さんがつくった連立方程式は，学校から休憩所までの道のりを$x$kmとしている。2人の考え方を図に表すと，次のようになる。

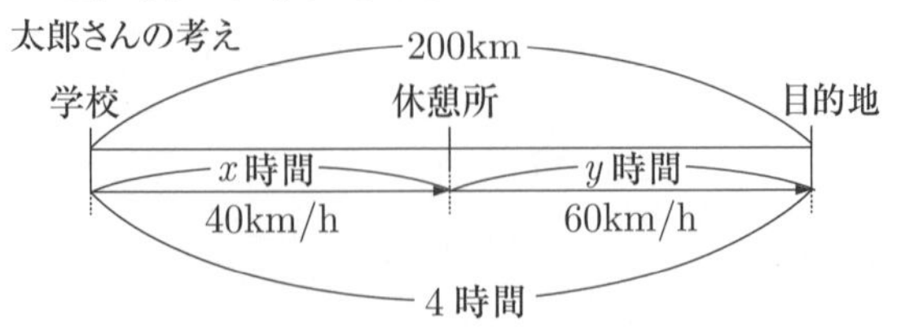

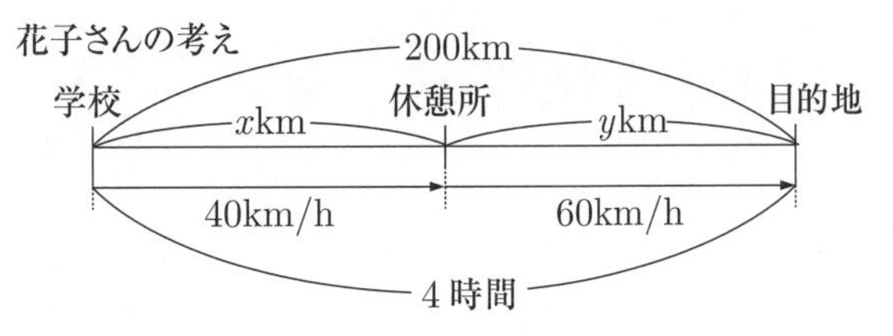

図より，太郎さんがつくった連立方程式は，

$$\begin{cases} x + y = 4 \\ 40x + 60y = 200 \end{cases}$$

花子さんがつくった連立方程式は，

$$\begin{cases} \dfrac{x}{40} + \dfrac{y}{60} = 4 \\ x + y = 200 \end{cases}$$

となる。

4 図に表すと，次のようになる。

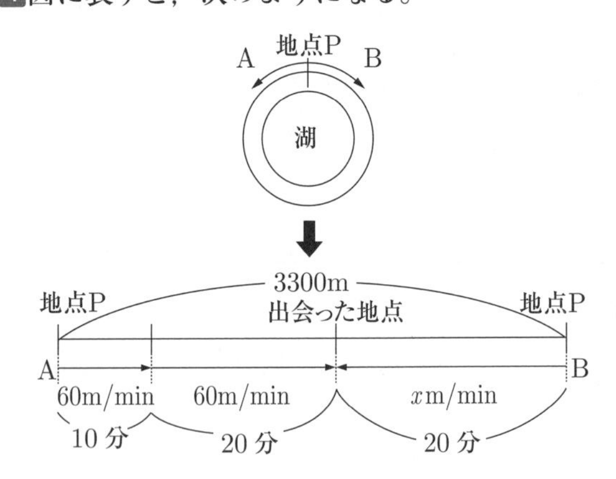

A君は，B君が出発するまでに分速60mで10分間歩いているので，歩いた道のりは，$60 \times 10 = 600$(m)である。その後，B君と出会うまで，同じ速さで20分間歩いているので，歩いた道のりは，$60 \times 20 = 1200$(m)である。また，B君の歩く速さを分速xmとすると，B君が歩いた道のりは$20x$mと表される。よって，2人が歩いた道のりについて，

(A君が歩いた道のり)＋(B君が歩いた道のり)＝3300

が成り立つので，

$$600 + 1200 + 20x = 3300$$

$$20x = 1500$$

$$x = 75$$

よって，B君の歩く速さは，分速75mである。

%がイヤ！

本冊➡P.24

1 (1) $\begin{cases} x + y = 135 - 5 \\ \dfrac{90}{100}x + \dfrac{120}{100}y = 135 \end{cases}$

(2) 小学生…63 人，中学生…72 人

2 (1)ア　$x + y$　　イ　$\dfrac{85}{100}x + \dfrac{90}{100}y$

(2) 電気代…340 円　水道代…190 円

3 ボールペン…90 円　ノート…150 円
(求める過程は解説を参照)

4 ①　$100a - 300$　　②　$80a$
③　15

5 昨日売れたシュークリーム…120 個
昨日売れたショートケーキ…130 個
(求める過程は解説を参照)

解説

1 (1)小学生は，昨年の参加者数の 10％減り，中学生は 20％増えているので，「もとにする量」である，昨年の参加者数を x, y とおく。
よって，昨年の小学生の参加者数を x 人，中学生の参加者数を y 人とおき，表にまとめると，次のようになる。

	小学生	中学生	全体
昨年	x 人	y 人	$(135 - 5)$ 人
今年	$\dfrac{90}{100}x$ 人	$\dfrac{120}{100}y$ 人	135 人

よって，$\begin{cases} x + y = 135 - 5 \\ \dfrac{90}{100}x + \dfrac{120}{100}y = 135 \end{cases}$ となる。

ポイント 割合を使う方程式の問題では，「もとにする量」を x, y とおく。

(2)(1)の連立方程式の上の式を①，下の式を②とする。
②の両辺を 100 倍すると，$90x + 120y = 13500$
両辺を 30 でわると，$3x + 4y = 450$　…③

$$\begin{array}{lr} ①\times 3 & 3x + 3y = 390 \\ ③ & -)\ 3x + 4y = 450 \\ \hline & -y = -60 \\ & y = 60 \end{array}$$

$y = 60$ を①に代入すると，
$x + 60 = 130$
$x = 70$
求めるのは今年の参加者数なので，
小学生は，$70 \times \dfrac{90}{100} = 63$(人)
中学生は，$60 \times \dfrac{120}{100} = 72$(人)　である。

2 (1)表にまとめると，次のようになる。

	電気代	水道代	合計額
昨年	x 円	y 円	530 円
今年	$\dfrac{85}{100}x$ 円	$\dfrac{90}{100}y$ 円	460 円

よって，$\begin{cases} x + y = 530 \\ \dfrac{85}{100}x + \dfrac{90}{100}y = 460 \end{cases}$ となる。

(2)(1)の上の式を①，下の式を②とする。
②の両辺を 100 倍すると，$85x + 90y = 46000$
両辺を 5 でわると，$17x + 18y = 9200$　…③

$$\begin{array}{lr} ①\times 17 & 17x + 17y = 9010 \\ ③ & -)\ 17x + 18y = 9200 \\ \hline & -y = -190 \\ & y = 190 \end{array}$$

$y = 190$ を①に代入すると，
$x + 190 = 530$
$x = 340$
となるので，昨年 1 月の 1 日あたりの電気代は 340 円，水道代は 190 円となる。

3 ボールペン 1 本の値段を x 円，ノート 1 冊の値段を y 円とおく。今月のボールペンの販売本数は，
$60 \times \dfrac{140}{100} = 84$(本)，ノートの販売冊数は，
$120 \times \dfrac{75}{100} = 90$(冊)なので，売り上げ金額を表にまとめると，次のようになる。

	ボールペンの売り上げ	ノートの売り上げ
先月	$60x$円	$120y$円
今月	$84x$円	$90y$円

先月のボールペンとノートの売り上げ金額の関係より，

$120y = 60x + 12600$

$2y = x + 210$ …①

今月のボールペンとノートの売り上げ金額の合計は，先月のボールペンとノートの売り上げ金額の合計より10％減ったので，今月のボールペンとノートの売り上げ金額の合計は，

$(60x + 120y) \times \dfrac{90}{100}$円となる。よって，今月のボールペンとノートの売り上げ金額の関係より，

$84x + 90y = (60x + 120y) \times \dfrac{90}{100}$

$30x - 18y = 0$

$5x = 3y$ …②

①×3　$6y = 3x + 630$

②×2　$-)\ 6y = 10x$

$0 = -7x + 630$

$7x = 630$

$x = 90$

$x = 90$を②に代入すると，

$5 \times 90 = 3y$

$y = 150$

よって，ボールペン1本の値段は90円，ノート1冊の値段は150円となる。

4 1個100円の品物a個$(a \geqq 5)$の合計金額が$100a$円なので，合計金額から300円引いた金額は$100a - 300$(円)，合計金額から2割引きした金額は$100a \times \dfrac{80}{100} = 80a$(円)である。合計金額から300円引いた金額と合計金額から2割引きした金額が等しくなるのは，

$100a - 300 = 80a$

$a = 15$

よって，aの値が15のときである。

5 昨日売れたシュークリームの個数をx個，ショートケーキの個数をy個とおき，表にまとめると，次のようになる。

	シュークリーム	ショートケーキ	全体
昨日	x個	y個	250個
今日	$\dfrac{110}{100}x$個	$\dfrac{90}{100}y$個	$(250 - 1)$個

よって，$\begin{cases} x + y = 250 \\ \dfrac{110}{100}x + \dfrac{90}{100}y = 249 \end{cases}$ となる。

この連立方程式の上の式を①，下の式を②とする。

②の両辺を100倍すると，$110x + 90y = 24900$

両辺を10でわると，$11x + 9y = 2490$ …③

①×9　$9x + 9y = 2250$

③　$-)\ 11x + 9y = 2490$

$-2x = -240$

$x = 120$

$x = 120$を①に代入すると，

$120 + y = 250$

$y = 130$

よって，昨日売れたシュークリームは120個，ショートケーキは130個である。

長文＋図＝ギブアップ

本冊 ➡ P.27

1 (1)　$(x-8)$cm

　(2)　$(8+3\sqrt{5})$cm

　(求めるまでの過程は，解説を参照)

2 (1)　$(a+1)(b+1)$区画　　(2)　2m

解説

1(1) $x$cm から，$4 \times 2 = 8$(cm)を切り取った分が，この箱の底面の1辺の長さとなるので，$(x-8)$cm である。

(2)この直方体の箱は，底面が正方形で，高さが 4cm，容積が 180cm^3 である。

(底面積)×(高さ)＝(容積)から，

(底面積)＝(容積)÷(高さ)より，

底面積は，$180 \div 4 = 45$(cm^2)なので，できた箱の底面積から，

$$(x-8)^2 = 45$$
$$x-8 = \pm\sqrt{45}$$
$$x = 8 \pm 3\sqrt{5}$$

初めの正方形の画用紙から，1辺 4cm の正方形を4枚切り取っているので，初めの正方形の1辺 $x$cm は，$4 \times 2 = 8$(cm)より大きくなる。よって，$x = 8 + 3\sqrt{5}$ となり，求める長さは，$(8+3\sqrt{5})$cm である。

2(1)図1のように，1つのものを2本の直線で分けると，3つに分けられる。

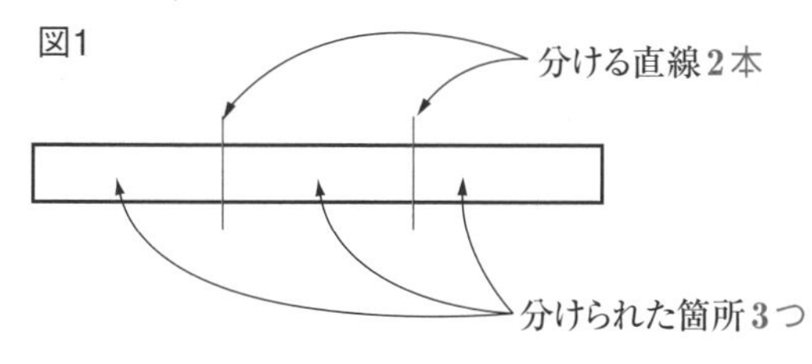

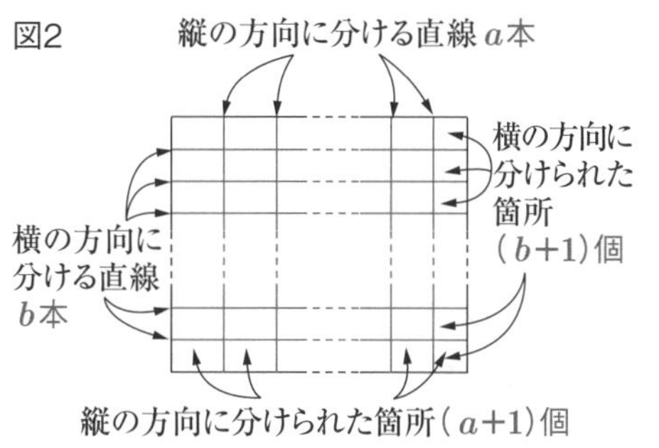

図2のように，a本の直線で分けた場合には$(a+1)$区画に分けられ，b本の直線で分けた場合には$(b+1)$区画に分けられる。よって，縦に$(a+1)$区画，横に$(b+1)$区画できるので，全部で，$(a+1)(b+1)$区画に分けられる。

(2)右の図のように，道を端に移動したとして考える。このように移動しても，花壇の面積の合計は変わらないので，道の幅を xm とすると，

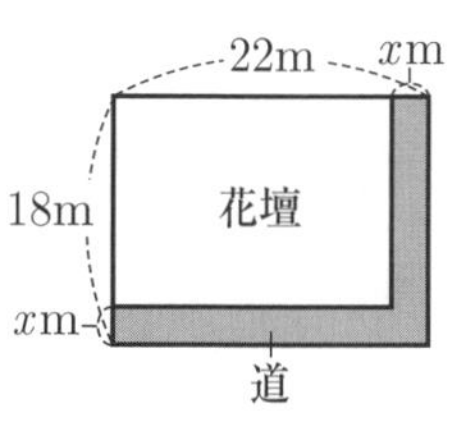

$$(18-x)(22-x) = 320$$
$$396 - 40x + x^2 = 320$$
$$x^2 - 40x + 76 = 0$$
$$(x-2)(x-38) = 0$$
$$x = 2,\ 38$$

$0 < x < 18$ より，道の幅は 2m である。

ポイント **最後に，求めた答えが問題の条件に合っているかどうかを確認するようにしよう。図形の問題では，答えが負になると条件に合わないことが多い。**

関数編

グラフの問題，くじけそう…

本冊 ➡ P.30

1 $0 \leqq b \leqq \frac{25}{4}$

2 (1) 9倍　(2) $a = -1$, $b = 18$

3 (1) ① $a = \frac{1}{2}$　② $b = 18$

(2) 2 （式や途中の計算は解説を参照）

4 (1) $a = -1$　(2) (3, 3)

(3) $y = 2x - 3$

解説

1 右のグラフより，b の値が最小となるのは，$a = 0$ のときなので，

$b = 0$

最大となるのは，

$a = -5$ のときなので，

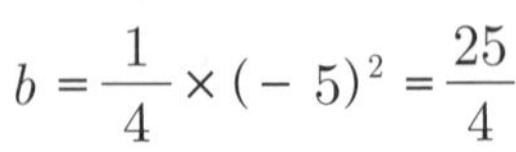

$b = \frac{1}{4} \times (-5)^2 = \frac{25}{4}$

よって，$0 \leqq b \leqq \frac{25}{4}$ と表される。

2 (1) 0でない x の値を p とする。$x = p$ に対応する y の値は，

$y = 2 \times p^2 = 2p^2$

x の値を3倍すると，

$x = 3p$ であり，対応する y の値は，

$y = 2 \times (3p)^2 = 18p^2$

よって，$18p^2 \div 2p^2 = 9$(倍)である。

(2) 関数 $y = 2x^2$ において，

x の最小値が負，最大値が正となる場合は，y の最小値は必ず0になる。しかし，y の変域は $2 \leqq y \leqq b$ で，$y = 2$ が最小値となっているので，x の最大値である a は，$-3 < a < 0$ となるとわかる。

グラフより，$x = -3$ のとき $y = b$ となるので，

$b = 2 \times (-3)^2 = 18$

同様に，$x = a$ のとき $y = 2$ となるので，

$2 = 2 \times a^2$, $a = \pm 1$

$-3 < a < 0$ より，$a = -1$

3 (1) ① グラフの式を求めたいので，グラフが通る点の座標に注目する。$y = ax^2$ のグラフ上に点A$(-2, 2)$があるので，$y = ax^2$ に $x = -2$, $y = 2$ を代入して，

$2 = a \times (-2)^2$, $a = \frac{1}{2}$

② 座標を求めたいので，グラフの式に注目する。①より，㋐の式が $y = \frac{1}{2}x^2$ とわかったので，点Bの座標$(6, b)$より，$y = \frac{1}{2}x^2$ に $x = 6$, $y = b$ を代入して，

$b = \frac{1}{2} \times 6^2$, $b = 18$

(2) A$(-2, 2)$, B$(6, 18)$より，直線ABの傾きは，$\frac{18 - 2}{6 - (-2)} = 2$ である。

4 (1) グラフの式を求めたいので，座標に注目する。②のグラフ上に点C$(-3, -9)$があるので，$y = ax^2$ に $x = -3$, $y = -9$ を代入して，$-9 = a \times (-3)^2$, $a = -1$

(2) 次の図より，点Aの座標がわかれば，点Bの座標を求めることができる。

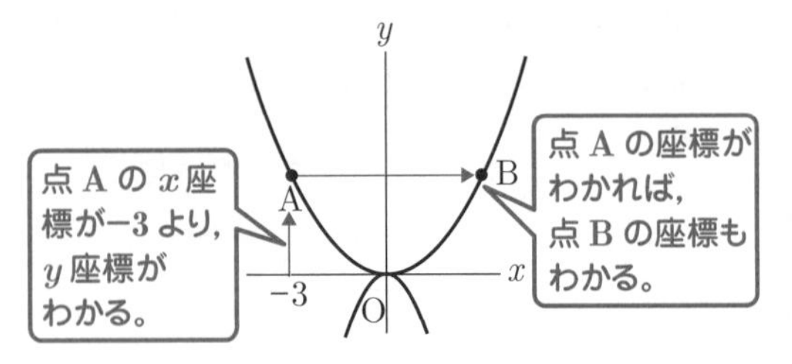

点Aの x 座標は -3 なので，$y = \frac{1}{3}x^2$ に $x = -3$ を代入して，

$y = \frac{1}{3} \times (-3)^2 = 3$

よって，A$(-3, 3)$となる。**点Bと点Aの y 座標は等しいので，2点A，Bは，y 軸について対称な点である。**よって，B$(3, 3)$である。

ポイント 関数 $y = ax^2$ のグラフは，y 軸について対称なグラフとなる。つまり，2 点の y 座標が同じであるとき，x 座標は，絶対値が同じで正負の符号が反対になる。

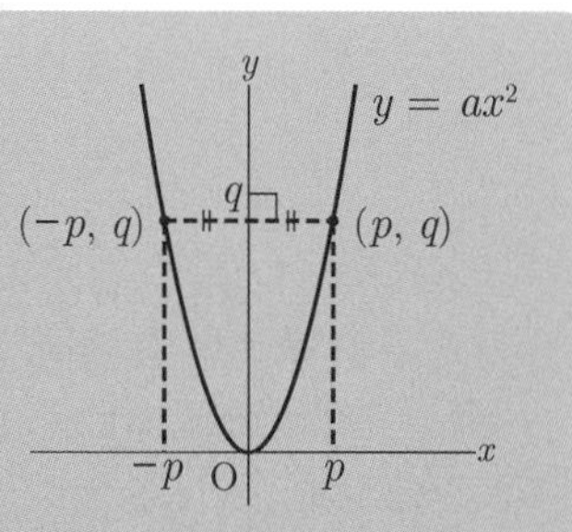

(3)直線の式を求めるので，直線が通る 2 点の座標に注目する。B(3, 3)，C(− 3, − 9) より，直線 BC の傾きは，

$\dfrac{-9-3}{-3-3} = 2$ である。よって，

$y = 2x + b$ に，点 B の座標より，

$x = 3$，$y = 3$ を代入して，

$3 = 2 \times 3 + b$，$b = -3$

したがって，直線 BC の式は，$y = 2x - 3$ である。

三角形がグラフの中にあると混乱する

本冊 ➡ P.35

1 (1) 2　(2) $y = x + 4$　(3) 12

2 (1) 9　(2) $0 \leqq y \leqq 4$

(3) $y = x + 6$　(4) 9

3 (1) $a = \dfrac{1}{2}$　(2) $y = x - 4$

(3) 12

4 (1) $a = \dfrac{1}{2}$　(2) $y = -\dfrac{1}{2}x + 6$

5 (1) $a = \dfrac{1}{4}$，$b = \dfrac{1}{2}$

(2) $0 \leqq y \leqq 4$　(3) 6

(4) ① 2　② $t = 4 - \sqrt{6}$

解説

1(1) $y = \dfrac{1}{2}x^2$ に $x = -2$ を代入して，

$y = \dfrac{1}{2} \times (-2)^2 = 2$

(2)点 B の y 座標は，$y = \dfrac{1}{2}x^2$ に $x = 4$ を代入して，$y = \dfrac{1}{2} \times 4^2 = 8$

よって，直線 AB は，2 点 A(− 2, 2)，B(4, 8)を通るので，傾きは，$\dfrac{8-2}{4-(-2)} = 1$ である。よって，$y = x + b$ に，点 B の座標より $x = 4$，$y = 8$ を代入して，

$8 = 4 + b$，$b = 4$

したがって，求める直線の式は，$y = x + 4$

(3)△ OAB について，点 A の x 座標が − 2，点 B の x 座標が 4，直線 AB の切片が 4 なので，求める面積は，底辺が 4，高さは点 A，B の x 座標の絶対値の和として求める。

$\dfrac{1}{2} \times 4 \times (2 + 4) = 12$

2(1) $y = 3^2 = 9$

(2) y の最大値は，$x = -2$ に対応する値なので，$y = (-2)^2 = 4$ である。また，y の最小値は 0 なので，求める変域は，$0 \leqq y \leqq 4$ である。

(3)点Bのy座標は，$y=(-2)^2=4$である。よって，A(3, 9)，B$(-2,\ 4)$より，直線ABの傾きは，$\dfrac{4-9}{-2-3}=1$

切片は，$y=x+b$に$x=3$，$y=9$を代入して，$9=3+b$，$b=6$

したがって，$y=x+6$である。

(4)△AOCは，底辺を**OC**とみると，高さは点**A**のx座標の絶対値に等しい。OCの長さは，点Cのy座標の絶対値に等しくなるので，6である。

よって，求める面積は，

$\dfrac{1}{2}\times 6\times 3=9$

3 (1) 2つの放物線が，x軸について対称であるとき，比例定数の絶対値は同じで，正負が逆になる。よって，

$a=\dfrac{1}{2}$である。

(2)点Bの座標は，$y=-\dfrac{1}{2}\times(-4)^2=-8$より，B$(-4,\ -8)$である。よって，直線ABの傾きは，$\dfrac{-2-(-8)}{2-(-4)}=1$なので，切片は，

$y=x+b$に$x=2$，$y=-2$を代入して，

$-2=2+b$，$b=-4$

したがって，求める式は，

$y=x-4$である。

(3)①のグラフの式は

$y=\dfrac{1}{6}x^2$，点Cのx座標が6なので，y座標は，$y=\dfrac{1}{6}\times 6^2=6$

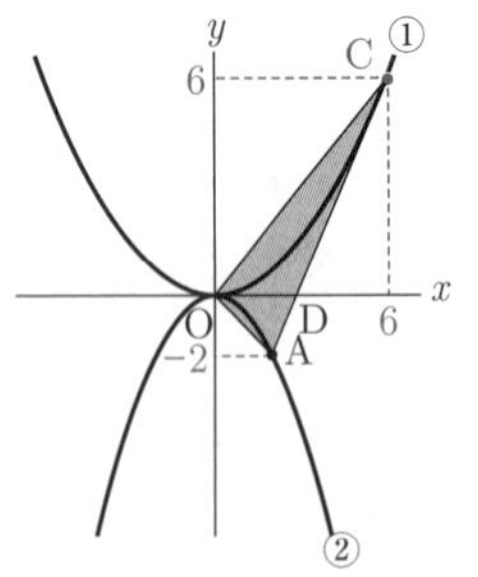

である。ここで，図のように，直線ACとx軸との交点をDとすると，△OACの面積は，

$\dfrac{1}{2}\times$ **OD** $\times$ **(6 + 2)**で求められる。点Dは直線ACとx軸との交点なので，直線ACの式を求める。直線ACの傾きは，

$\dfrac{6-(-2)}{6-2}=2$，切片は，$y=2x+c$に$x=6$，$y=6$を代入して，

$6=2\times 6+c$，$c=-6$

よって，直線ACの式は，$y=2x-6$となり，x軸との交点の座標は，$y=0$を代入して，

$0=2x-6$，$x=3$

したがって，D(3, 0)である。以上より，△OACの面積は，

$\dfrac{1}{2}\times 3\times(6+2)=12$

4 (1)点Bの座標より，$x=2$，$y=2$を$y=ax^2$に代入すると，

$2=a\times 2^2$，$4a=2$，$a=\dfrac{1}{2}$

(2)△AOCの面積が△AOBの面積の2倍であることから，直線**AB**は，△**AOC**の面積を二等分する直線であり，点**B**は線分**OC**の中点となる。

ここで，右の図で，

OB′ = B′C′より，

OC′ = 2 × 2 = 4となり，

点Cのx座標は4であることがわかる。

また，中点連結定理より，

CC′はBB′の2倍の長さになるので，

CC′ = 2 × 2 = 4となり，点Cのy座標は4である。したがって，C(4, 4)とわかる。

また，点Aのy座標は，$y=\dfrac{1}{2}\times(-4)^2=8$

以上より，直線ACの傾きは，A$(-4,\ 8)$，C(4, 4)より，$\dfrac{4-8}{4-(-4)}=-\dfrac{1}{2}$なので，

切片は，$y=-\dfrac{1}{2}x+b$に，点Cの座標より，$x=4$，$y=4$を代入して，

$4=-\dfrac{1}{2}\times 4+b$，$b=6$

よって，求める直線の式は，$y=-\dfrac{1}{2}x+6$

5 (1)点Aの座標より，$x=-2$，$y=1$を$y=ax^2$，$y=bx+2$にそれぞれ代入すると，

$a = \dfrac{1}{4}$，$b = \dfrac{1}{2}$である。

(2) yの値が最大になるのは，$x = 4$のときで，

$y = \dfrac{1}{4} \times 4^2 = 4$である。最小になるのは

$x = 0$のときで$y = 0$なので，求める変域は，

$0 \leqq y \leqq 4$である。

(3) $\triangle AOB = \dfrac{1}{2} \times 2 \times (2 + 4) = 6$

(4)① $y = \dfrac{1}{2}x + 2$より，直線ABの切片が

2なので，直線$y = 2$と直線ABとの交点C

の座標は，C(0，2)である。また，点Bの

座標は，(2)より，B(4，4)である。

よって，直線OBの式は，原点Oを通る直

線なので，$y = x$となり，直線OBと直線

$y = 2$との交点Dの座標は，D(2, 2)である。

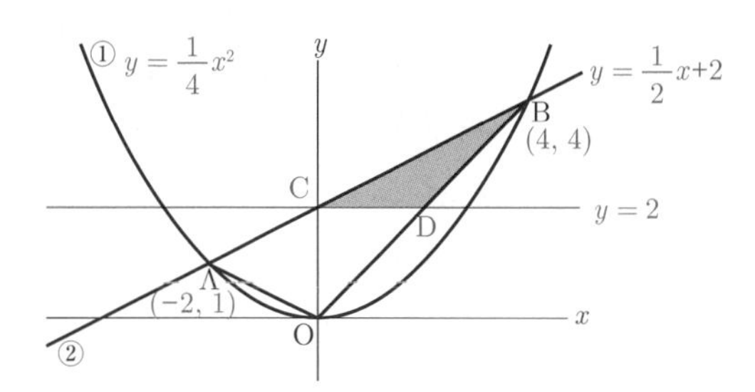

したがって，△BCDは，底辺をCDとみ

ると高さは点Bのy座標と点Dのy座標と

の差になるので，面積は，

$\dfrac{1}{2} \times 2 \times (4 - 2) = 2$

②直線$y = t$と直線ABとの交点Eの座標は，

$t = \dfrac{1}{2}x + 2$，$x = 2t - 4$

よって，E$(2t - 4,\ t)$と表される。

同様に，直線$y = t$と直線OBとの交点F

の座標は，F$(t,\ t)$と表される。よって，

$$\frac{1}{2} \times \{t - (2t - 4)\} \times (4 - t) = 6 \times \frac{1}{2}$$

$$(4 - t)^2 = 6$$

$$4 - t = \pm\sqrt{6}$$

よって$t = 4 - \sqrt{6}$，$4 + \sqrt{6}$

$0 < t < 4$より，$t = 4 - \sqrt{6}$である。

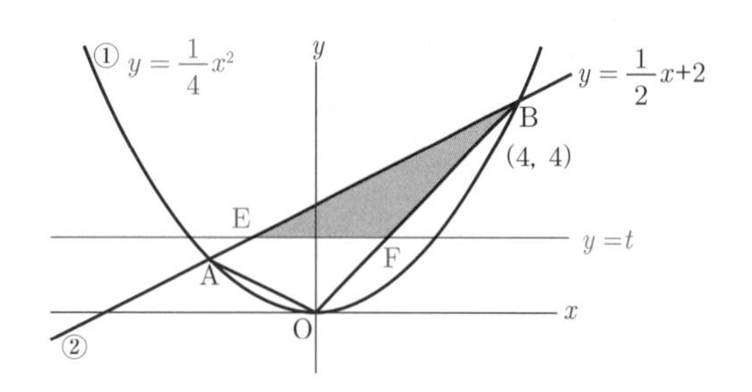

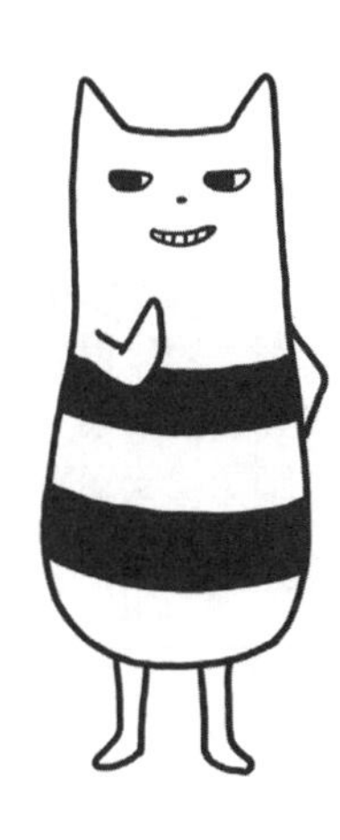

カクカクしたグラフの見方がナゾ

本冊➡P.42

1 (1) $y = -75x + 3000$

(2)

(m) y
3000 A
2500
2000
1500 B
1000
500
O 10 20 30 40(分) x

2 (1)

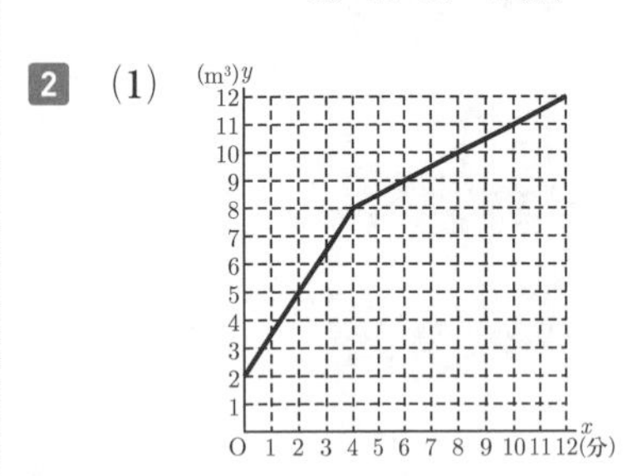

(2) 6分後

解説

1 (1) $0 \leqq x \leqq 20$ のとき，グラフは2点(0, 3000), (20, 1500)を通っていることから，$y = -75x + 3000$ となる。

(2)吉川さんは，出発してから20分後に10分間立ち止まった。このとき，x と y は，

・時間 x → 20分から30分に
・距離 y → 変化なし

である。よって，グラフは，2点(20, 1500), (30, 1500)を結ぶ。

その後，自宅へ向かって出発し，会場を出発してから40分後に到着した。このとき，x と y は，

・時間 x → 30分から40分に
・距離 y → 1500mから0mに

である。よって，グラフは，2点(30, 1500), (40, 0)を結ぶ。

2 (1)水そうAについて，

・容積が 12m^3
・最初から水が 2m^3 入っている
・毎分 1.5m^3 の割合で給水される
・水を入れ始めてから4分後に排水管を開く
・排水管からは毎分 1m^3 の割合で排水される

ということがわかっている。このことからグラフをかく。

・容積が 12m^3
→グラフの y の値の最大値は **12**
・最初から水が 2m^3 入っている
→点(**0**, **2**)を通るグラフになる
・毎分 1.5m^3 の割合で給水される
→排水管を開くまでは，グラフの傾きが **1.5**
・水を入れ始めてから4分後に排水管を開く
→ $x = 4$ のところからグラフの傾きが変わる
・排水管からは毎分 1m^3 の割合で排水される
→排水管を開いてからは，グラフの傾きが，**1.5 − 1 = 0.5**

以上のように整理すると，解答のようなグラフになることがわかる。

ポイント **時間を x 分，水の量を $y\text{m}^3$ とするとき，毎分 $a\text{m}^3$ の割合で水を入れた場合のグラフの傾きは a となる。また，毎分 $a\text{m}^3$ の割合で給水するが，同時に毎分 $b\text{m}^3$ の割合で排水する，という場合は，グラフの傾きは $a - b$ となる。**

(2)(1)でかいたグラフに，水そうBについてのグラフをかき入れて考える。水そうBは，最初に水が入っておらず，毎分 1.5m^3 の割合で給水されるから，点(**0**, **0**)を通り，傾きが **1.5** のグラフとなる。

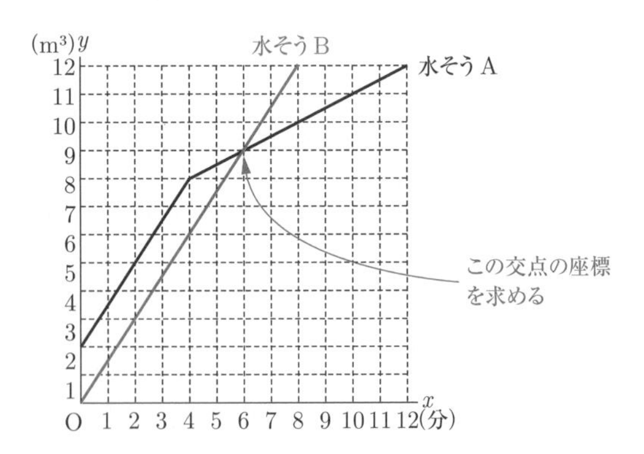

グラフで交点の座標を読み取ると(6, 9)なので，2つの水そうの水の量が等しくなるのは，6分後である。または，直線の式を連立方程式として解き，交点の座標を求めてもよい。

水そうAについて，$4 \leqq x \leqq 12$ のときのグラフは，点(**4**, **8**)を通り，傾きが **0.5** の直線

になるので，$y = 0.5x + b$ に $x = 4$，$y = 8$ を代入して，
$8 = 0.5 \times 4 + b$，$b = 6$
よって，$y = 0.5x + 6$　…①
水そうＢについて，グラフは，
$y = 1.5x$　…②
①と②のグラフについて，交点の x 座標の値を求めると，
$0.5x + 6 = 1.5x$，$x = 6$
となる。したがって，２つの水そうの水の量が等しくなるのは，６分後である。

平面図形編

角度，長さ，面積…ひらめかない！

本冊 ➡ P.50

1 82°　**2** 36°　**3** 66°　**4** 41°

5 65°　**6** 29°　**7** $\frac{4}{5}$倍

8 (1) $2a°$　(2) $3\sqrt{5}$ cm

9 $1+\sqrt{6}$ (cm)　**10** $\frac{20}{3}$ cm　**11** 6cm

12 $\frac{6+4\sqrt{3}}{3}$ cm　**13** $\frac{7}{12}$倍

14 (1) $\frac{5}{2}$　(2) $\frac{25}{8}\pi-6$ (cm²)

15 $\frac{5}{4}\pi$ cm²

16 (1) $\sqrt{10}$ cm
(2) △EAB：△EDC = 1：2
△EBC：△EAD = 8：9
(3) $\frac{3}{5}$ cm²

17 $9\sqrt{3}-3\pi$ (cm²)

解説

1 △ABC は AB = AC の二等辺三角形なので，
∠ABC = ∠ACB = 75°
∠BAC = 180° − 75° × 2 = 30°
$\ell // m$ より，平行線の錯角は等しいので，
∠x = 52° + 30° = 82°

2 $\overset{\frown}{BC}$ の中心角は，円周角の **2** 倍なので，
∠BOC = 54° × 2 = 108°
△OBC は OB = OC の二等辺三角形なので，
$$\angle x=\frac{180°-108°}{2}=36°$$

3 AB//DC より，平行線の錯角は等しいので，
∠BAC = ∠ACD = 33°
$\overset{\frown}{AD}$ の中心角は，円周角の 2 倍なので，
∠x = 33° × 2 = 66°

4 円 O の半径より，CO = DO
△CDO は，線分 CE を対称の軸とする線対称な図形なので，CD = CO
よって，CO = DO = CD なので，△CDO は正三角形である。
△OBD は，BO = DO の二等辺三角形で，
∠DOB = 60° + 38° = 98° なので，
$$\angle BDO=\frac{180°-98°}{2}=41°$$

5 点 B と点 D を結ぶ。半円の弧に対する円周角は **90°** なので，∠ABD = 90°
∠ADB = 180° − (25° + 90°) = 65°
$\overset{\frown}{AB}$ の円周角なので，∠x = ∠ADB = 65°

6 点 A と点 D を結ぶ。半円の円周角は 90° なので，∠ADB = ∠PEB = 90° となり，AD//PE
平行線の錯角は等しいので，
∠ADC = ∠DCE = ∠x
$\overset{\frown}{AC}$ の円周角なので，∠ADC = ∠ABC = ∠x
線分 **PE** は円 **O** の接線で，点 **C** は接点なので，
OC ⊥ PE
∠POC = 180° − (32° + 90°) = 58°
$\overset{\frown}{AC}$ の円周角は，中心角の $\frac{1}{2}$ なので，
$$\angle x=\angle ABC=58°\times\frac{1}{2}=29°$$

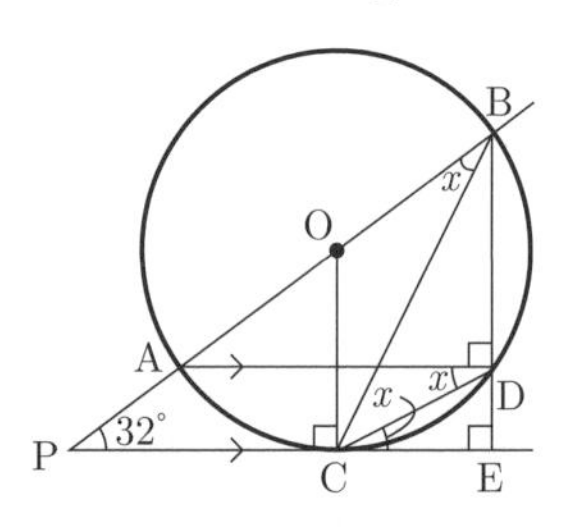

7 DE = $\frac{1}{3}$ EC より，**DE：EC = 1：3**
△ABF と△EDF について，AB//DC より，
∠FAB = ∠FED
∠FBA = ∠FDE なので 2 組の角がそれぞれ等しいから△ABF ∽ △EDF
相似比は，
AB：ED = DC：DE
　　　= (1 + 3)：1
　　　= 4：1
よって，AF：AE = 4：(4 + 1) = 4：5 となるので，

線分 AF の長さは線分 AE の長さの$\frac{4}{5}$倍。

8 (1)$\overset{\frown}{AD}$の円周角より,

$\angle ACD = \angle ABD = a^\circ$

$\overset{\frown}{AD} = \overset{\frown}{CD}$ より, $\angle \mathbf{ACD} = \angle \mathbf{DBC} = a^\circ$

よって, $\angle ABC = a^\circ + a^\circ = 2a^\circ$

(2)△ BDC と△ CDE で,

(1)より, $\angle DBC = \angle DCE$…①

共通の角より, $\angle BDC = \angle CDE$…②

①, ②より, 2 組の角がそれぞれ等しいから,

△ BDC ∽△ CDE

よって, BD : CD = CD : ED

CD = x cm とすると,

$(12 + 3) : x = x : 3$

$x^2 = 45$

$x > 0$ より, $x = 3\sqrt{5}$

9 △ ACD は 30°, 60°, 90° の直角三角形なので, **CD : AC : AD = 1 : 2 : $\sqrt{3}$**

よって, CD = 1cm, AD = $\sqrt{3}$ cm

また, △ ABD は∠ ADB = 90° の直角三角形なので, 三平方の定理を利用して,

$BD^2 = 3^2 - (\sqrt{3})^2 = 9 - 3 = 6$

BD > 0 より, BD = $\sqrt{6}$ cm

したがって, BC = CD + BD = 1 + $\sqrt{6}$ (cm)

10 AD//BC より,

AD : BC = DP : PB = 5 : 10 = 1 : 2

PR//BC より,

DP : DB = PR : BC = 1 : 3

BC = 10cm より, PR = $\frac{10}{3}$ cm

また, PQ//AD より,

BP : BD = QP : AD = 2 : 3

AD = 5cm より, QP = $\frac{10}{3}$ cm

したがって, QR = $\frac{10}{3} + \frac{10}{3} = \frac{20}{3}$ (cm)

11 線分 BD は円 O の直径より, ∠ BAD = 90°

△ ABD で三平方の定理を利用して,

$BD^2 = (2\sqrt{5})^2 + 4^2 = 20 + 16 = 36$

BD > 0 より, BD = 6cm

12 △ PBQ は, 30°, 60°, 90° の直角三角形なので, $1 : \sqrt{3} = BQ : 2$, BQ = $\frac{2\sqrt{3}}{3}$ cm

△ SCR も同様に考えて, RC = $\frac{2\sqrt{3}}{3}$ cm

四角形 PQRS は正方形なので,

PQ = QR = RS = SP = 2cm

BC = BQ + QR + RC より,

正三角形 ABC の 1 辺の長さは,

$\frac{2\sqrt{3}}{3} + 2 + \frac{2\sqrt{3}}{3} = \frac{6 + 4\sqrt{3}}{3}$ (cm)

13 平行四辺形 **ABCD** の面積を **1** とすると,

△ ABE = $\frac{1}{2} \times \frac{1}{3} = \frac{1}{6}$

△ ADF = $\frac{1}{2} \times \frac{1}{2} = \frac{1}{4}$

よって, 四角形 AECF = $1 - \left(\frac{1}{6} + \frac{1}{4}\right) = \frac{7}{12}$

14 (1)点O から辺 BC に垂線を引き, 辺 BC との交点を F とする。

正方形 ABCD の 1 辺は 4cm より,

OF = 2cm

OE = FB = x cm より,

CF = $4 - x$(cm)

△ OCF で三平方の定理より,

$x^2 = 2^2 + (4 - x)^2$

これを解いて, $x = \frac{5}{2}$

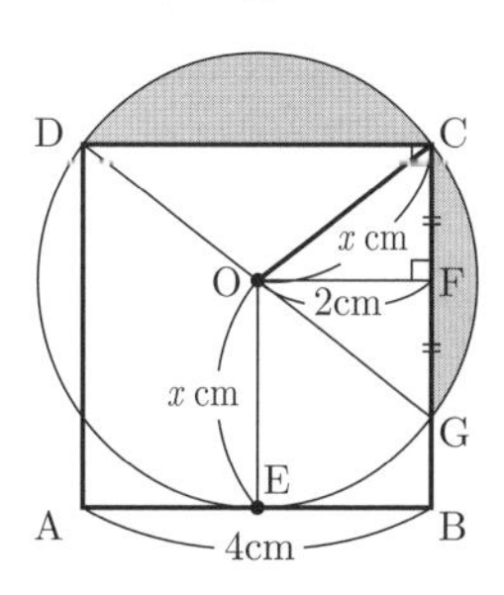

(2)直線 DO と辺 BC との交点を G とする。

∠ DCG = 90° だから, 線分 DG は中心 O を通り, 直径となるから, 半円の面積から△ **CDG** の面積を引いて求める。

CF = $4 - \frac{5}{2} = \frac{3}{2}$ (cm)

△ OCF ≡△ OGF より, GF = CF = $\frac{3}{2}$ (cm)

よって，$CG = \frac{3}{2} + \frac{3}{2} = 3(cm)$

$\triangle CDG = \frac{1}{2} \times 4 \times 3 = 6(cm^2)$

求める面積は，

$\pi \times \left(\frac{5}{2}\right)^2 \times \frac{1}{2} - 6 = \frac{25}{8}\pi - 6(cm^2)$

15 線分 AD と線分 CO の交点を F とする。

$\angle DAO = 90° - (20° + 50°) = 20°$

よって，$\angle DAO = \angle EOC$

また，$\angle ADO = \angle OEC = 90°$，$OA = CO$ より，直角三角形の斜辺と 1 つの鋭角がそれぞれ等しいので，

$\triangle AOD \equiv \triangle OCE$

つまり，

$\triangle AOD = \triangle OCE$

$\triangle ODF$ は共通なので，

△ AFO ＝（四角形 DECF）

求める面積は，おうぎ形 **OAC** の面積に等しい。

$\pi \times 3^2 \times \frac{50}{360} = \frac{5}{4}\pi\ (cm^2)$

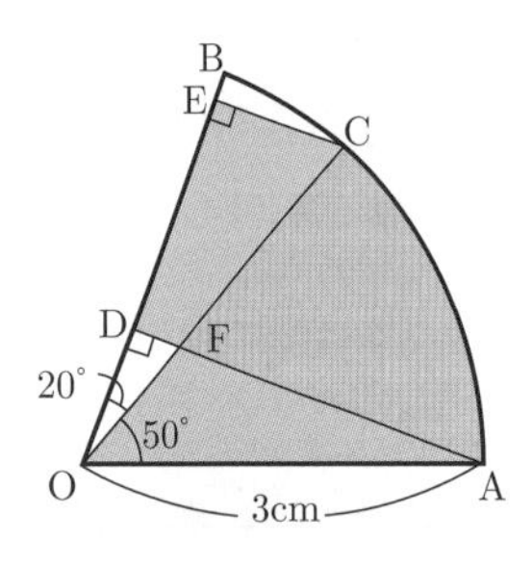

16 (1) △ BCD で三平方の定理より，

$BD^2 = (\sqrt{2})^2 + (2\sqrt{2})^2$

$= 2 + 8 = 10$

$BD > 0$ より，$BD = \sqrt{10}$ cm

(2) $\angle BAC = \angle BDC$ より，点 **A**，**B**，**C**，**D** は同一円周上の点である。

また，$\angle BCD = 90°$ より，BD は直径なので，

$\angle BAD = 90°$

△ ABD で三平方の定理より，$AB = 1cm$

$\triangle EAB \backsim \triangle EDC$，$AB : DC = 1 : \sqrt{2}$ より，

面積の比は，$\mathbf{1^2 : (\sqrt{2})^2 = 1 : 2}$

また，$\triangle EBC \backsim \triangle EAD$，

$BC : AD = 2\sqrt{2} : 3$ より，

面積の比は，$\mathbf{(2\sqrt{2})^2 : 3^2 = 8 : 9}$

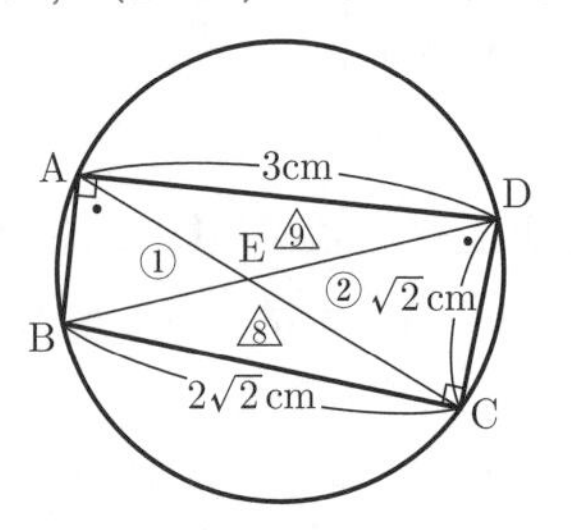

(3)(2)より，$\triangle \mathbf{EAB} = x$，$\triangle \mathbf{EDC} = 2x$，$\triangle \mathbf{EBC} = 8y$，$\triangle \mathbf{EAD} = 9y$ とおく。

$\triangle ABD = \frac{1}{2} \times 1 \times 3 = \frac{3}{2}(cm^2)$

$\triangle BCD = \frac{1}{2} \times \sqrt{2} \times 2\sqrt{2} = 2(cm^2)$ より，

$$\begin{cases} x + 9y = \frac{3}{2} \\ 2x + 8y = 2 \end{cases}$$

連立方程式を解いて，$x = \frac{3}{5}$，$y = \frac{1}{10}$

よって，$\triangle EAB = \frac{3}{5}\ cm^2$

17 △ OAP は正三角形なので，$\angle AOP = 60°$

OP と AB の交点を C とすると，△ OAC は 30°，60°，90° の直角三角形だから，

$AC = \frac{3\sqrt{3}}{2}$ cm

$QP = 6cm$ より，

$\triangle APQ = \frac{1}{2} \times 6 \times \frac{3\sqrt{3}}{2} = \frac{9\sqrt{3}}{2}(cm^2)$

求める面積は，△ **APQ** の面積から，おうぎ形 **OAP** の面積を引いた面積の **2** 倍だから，

$\left(\frac{9\sqrt{3}}{2} - \pi \times 3^2 \times \frac{60}{360}\right) \times 2 = 9\sqrt{3} - 3\pi\ (cm^2)$

作図のやり方が思いうかばない

本冊 ➡ P.57

1

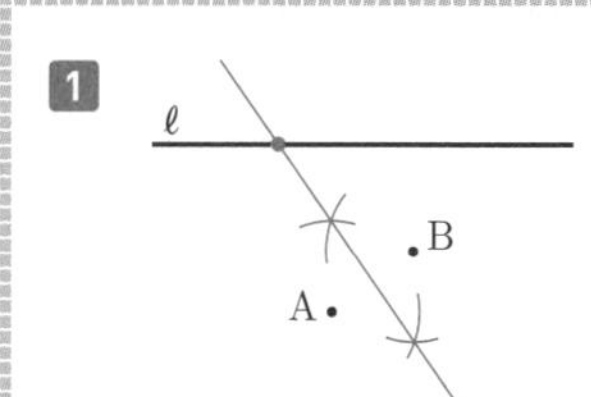

2

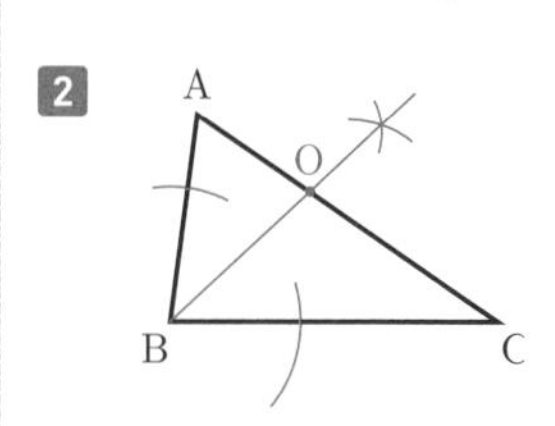

3

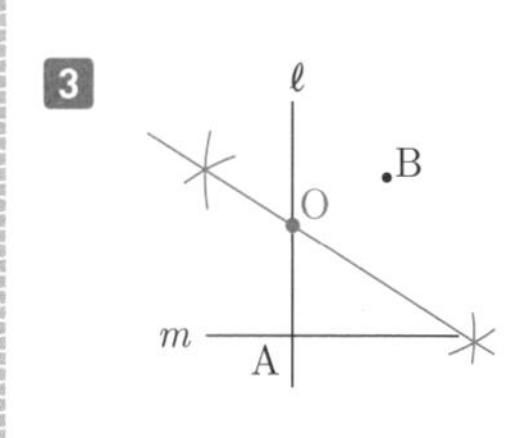

解説

1 2点A，Bから等しい距離にある点なので，線分ABの垂直二等分線を作図する。

2 円の中心Oは2辺AB，BCまでの距離が等しい点なので，$\angle B$の二等分線を作図する。

3 条件②より，円の中心Oは2点A，Bから等しい距離にある点なので，線分ABの垂直二等分線を作図し，直線ℓとの交点をOとする。

どう証明すればいいの？

本冊 ➡ P.60

1 $\triangle OAF$と$\triangle ODF$において，
円Oの半径だから，
$OA = OD$…①
OFは共通…②
1つの円で，等しい弧に対する中心角は等しいから，
$\angle AOC = \angle DOC$
すなわち，$\angle AOF = \angle DOF$…③
①，②，③より，
2組の辺とその間の角がそれぞれ等しいので，
$\triangle OAF \equiv \triangle ODF$

2 $\triangle OAP$と$\triangle OCQ$において，
平行四辺形の対角線はそれぞれの中点で交わるから，$OA = OC$…①
対頂角は等しいから，
$\angle AOP = \angle COQ$…②
$AD /\!/ BC$より，平行線の錯角は等しいから，
$\angle OAP = \angle OCQ$…③
①，②，③より，1組の辺とその両端の角がそれぞれ等しいので，
$\triangle OAP \equiv \triangle OCQ$
対応する辺だから，$AP = CQ$

3 $\triangle AED$と$\triangle BFA$において，
四角形ABCDは正方形だから，
$\angle DAE = \angle ABF = 90°$…①
$AD = BA$…②
仮定より，
$AE = BF$…③
①，②，③より，2組の辺とその間の角がそれぞれ等しいので，
$\triangle AED \equiv \triangle BFA$
対応する角だから，$\angle AED = \angle BFA$

4 $\triangle ABG$と$\triangle ADC$において，
2つの四角形ADEB，ACFGはともに正方形だから， $AB = AD$…①
$AG = AC$…②

∠ GAC ＝∠ DAB ＝ 90°…③
③から，∠ GAB ＝ 90°＋∠ CAB
∠ CAD ＝ 90°＋∠ CAB
よって，∠ GAB ＝∠ CAD…④
①，②，④より，2 組の辺とその間の角がそれぞれ等しいので，
△ ABG ≡△ ADC

5 △ ABF と△ DCF において，
$\overset{\frown}{\mathrm{AD}}$ に対する円周角は等しいから，
∠ ABF ＝∠ DCF…①
対頂角は等しいから，
∠ AFB ＝∠ DFC…②
①，②より，2 組の角がそれぞれ等しいので，
△ ABF ∽△ DCF

6 △ BCD と△ AFC において，
仮定から，∠ AFC ＝ 90°
半円の弧に対する円周角は 90° だから，
∠ BCD ＝ 90°
したがって，∠ BCD ＝∠ AFC…①
$\overset{\frown}{\mathrm{CD}}$ に対する円周角は等しいから，
∠ CBD ＝∠ FAC…②
①，②より，2 組の角がそれぞれ等しいので，
△ BCD ∽△ AFC

解説

1 $\overset{\frown}{\mathrm{AC}}$ ＝ $\overset{\frown}{\mathrm{CD}}$ から，同じ長さの弧に対する中心角は等しいので， ∠ AOF ＝∠ DOF であることがわかる。

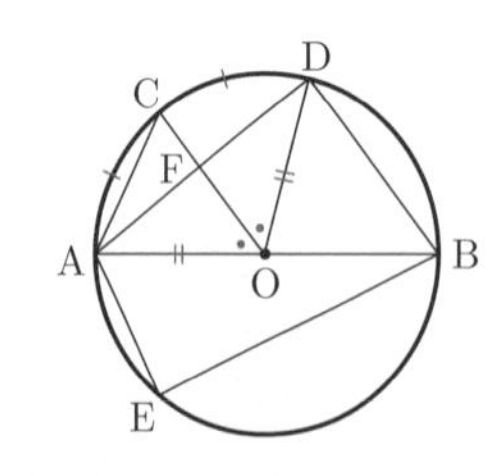

2 AP ＝ CQ を証明するには，△ **OAP** と△ **OCQ** が合同であることを証明する。
平行四辺形の性質を利用する。この証明で利用するのは，向かい合う辺が平行であり，対角線はそれぞれの中点で交わるという性質である。AD//BC より，平行線の錯角を利用する。

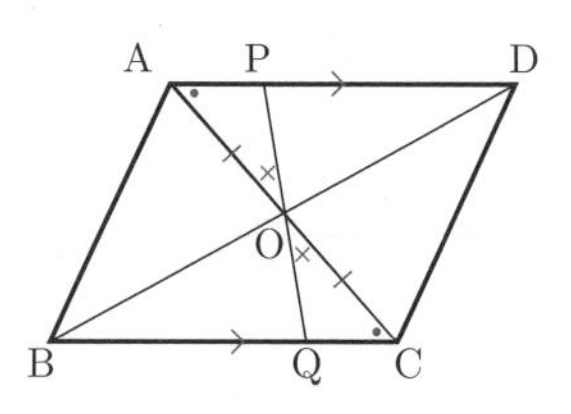

3 ∠ AED ＝∠ BFA を証明するには，△ **AED** と△ **BFA** の合同を証明する。
四角形 ABCD が正方形より，4 つの角が等しいことがわかる。また，4 つの辺の長さが等しいことがわかる。

4 ∠ GAB ＝∠ GAC ＋∠ CAB
∠ CAD ＝∠ DAB ＋∠ CAB
四角形 ADEB，ACFG は正方形だから，
∠ GAC ＝∠ DAB ＝ 90°
よって，∠ GAB ＝ 90°＋∠ CAB
　　　　∠ CAD ＝ 90°＋∠ CAB
したがって，∠ GAB ＝∠ CAD

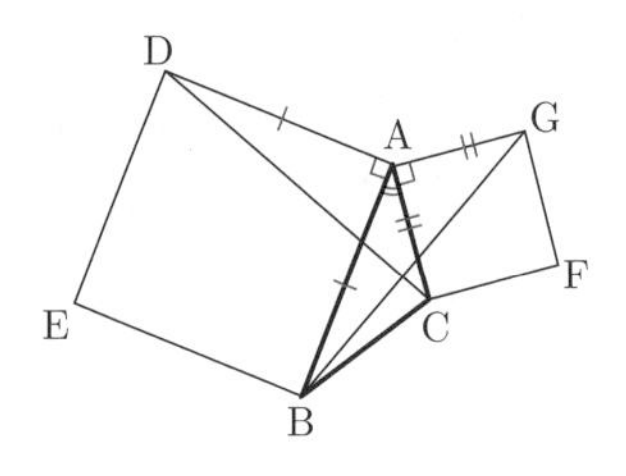

5 円周角が等しいことと，対頂角が等しいことを利用する。$\overset{\frown}{\mathrm{BC}}$ に対する円周角より，∠ BAF ＝∠ CDF であることを使って証明してもよい。

6 線分 BD は円 O の直径であることから，
∠ BCD が 90° であることがわかる。
また，同じ弧に対する円周角が等しいことを利用する。

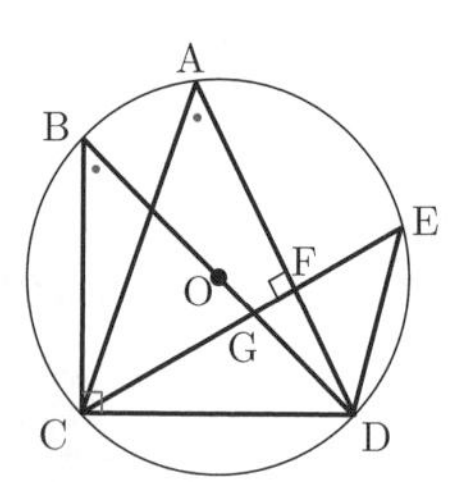

図形を折るなんて考えられない

本冊➡P.63

1 128°

2 折って重なり合う角だから，
∠ DPQ ＝∠ BPQ …①
AD//BC より平行線の錯角は等しいから，
∠ DPQ ＝∠ BQP …②
①，②より，
∠ BPQ ＝∠ BQP
したがって，△ BPQ は2つの角が等しいから二等辺三角形である。

解説

1 $\angle \mathrm{BFE} = \dfrac{180° - 76°}{2} = 52°$

∠ EAB ＝∠ ABF ＝ 90°より，
∠ AEF ＝ 360° −（90° ＋ 90° ＋ 52°）＝ 128°

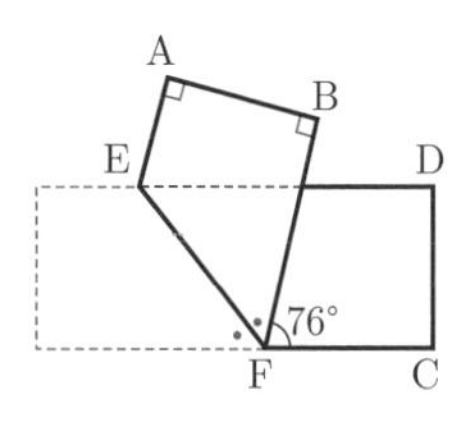

2 2つの角が等しい三角形は，二等辺三角形である。折り返した図形の等しい角と，長方形の対辺が平行であることを利用して，等しい角を考える。

空間図形編

形がイメージできない！

本冊➡P.70

1 3つ　**2** 6本
3 $100a - 10a^2$(cm^3)　**4** 63π cm^3
5 $\frac{32}{3}\pi$ cm^3　**6** 12π cm^3
7 円柱　**8** 45π cm^3

解説

1 辺EFを含む面は，面BEFCと面DEFの2つである。

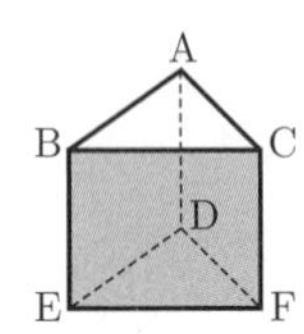

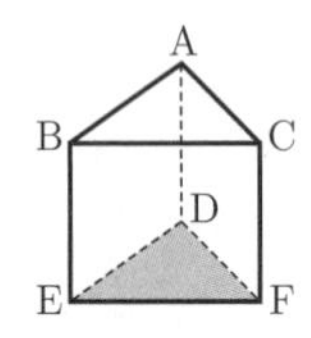

よって，辺EFとねじれの位置にある辺は，この2つの面に含まれない辺である，AB，AC，ADの3つである。

2 辺AFを含む面は，面FAEJ, FABG, FACH, FADIの4つである。

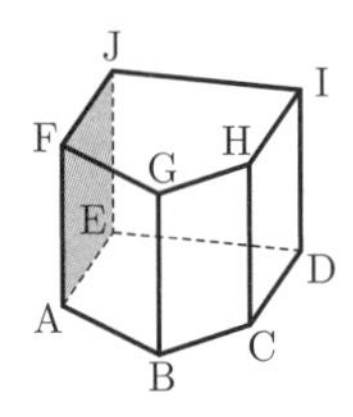

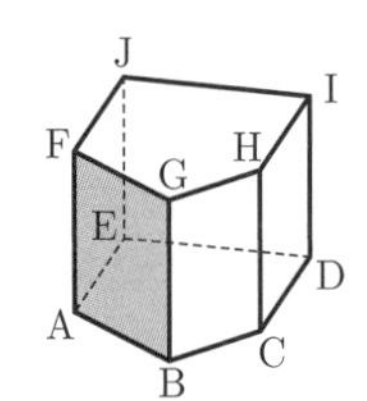

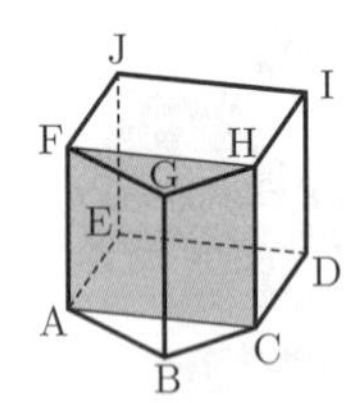

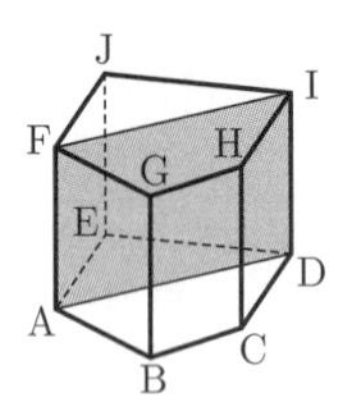

よって，辺AFとねじれの位置にある辺は，この4つの面に含まれない辺である，BC，CD，DE，GH，HI，IJの6本である。

3 問題の展開図を組み立ててできる直方体は，次のようになる。

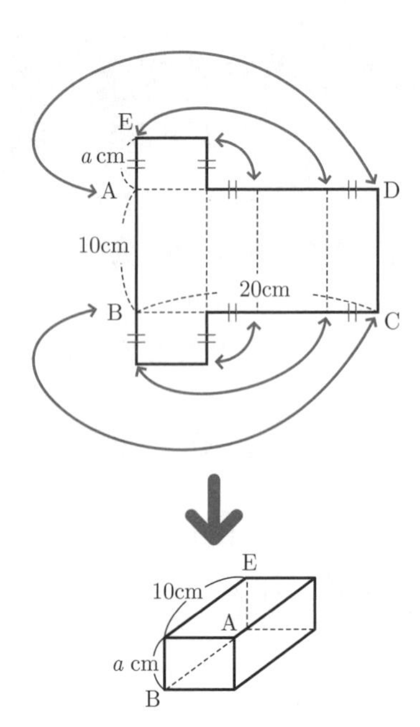

よって，下の展開図で，FG = HD = $a$cm となるので，上の見取図の横にあたる長さAF(GH)は，

$$(20 - \text{FG} - \text{HD}) \times \frac{1}{2} = (20 - a - a) \times \frac{1}{2}$$
$$= 10 - a \text{(cm)}$$

と表される。
以上より，直方体の体積は，
$10 \times (10 - a) \times a = 100a - 10a^2$(cm^3)

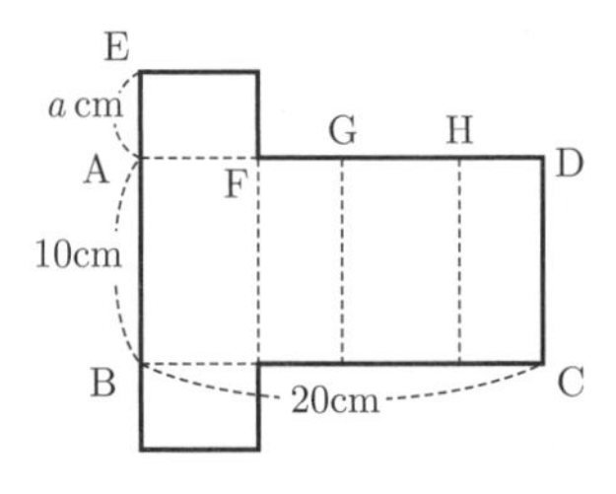

4 次の図で，側面にあたる長方形の横の長さは，底面の円の円周の長さに等しい。

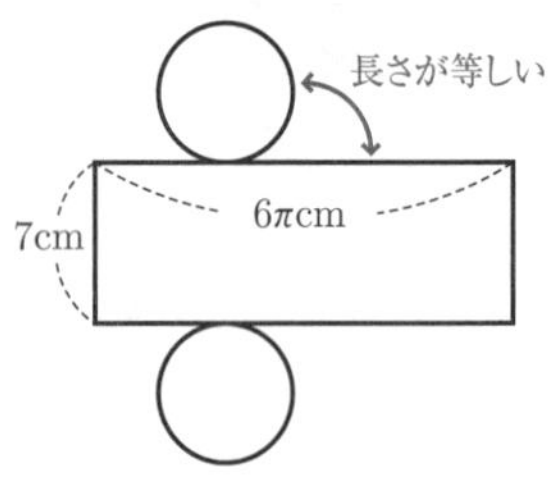

よって，底面の円の半径を r cmとすると，
$2\pi \times r = 6\pi$，$r = 3$
となる。
したがって，求める円柱の体積は，

$\pi \times 3^2 \times 7 = 63\pi\,(\mathrm{cm}^3)$

5 できる立体は，直径が 4cm の球である。よって，半径は $4 \div 2 = 2$(cm) より，求める体積は，

$$\frac{4}{3}\pi \times 2^3 = \frac{32}{3}\pi\,(\mathrm{cm}^3)$$

ポイント **半径 r の球の体積 V は，**
$V = \frac{4}{3}\pi r^3$ で求められる。

6 できる立体は，下の図のようになる。この立体の体積は，底面の円の半径 **2cm**，高さ **4cm** の円柱の体積から，底面の円の半径 **2cm**，高さ **3cm** の円すいの体積を引いて求められる。

$$\pi \times 2^2 \times 4 - \frac{1}{3} \times \pi \times 2^2 \times 3$$
$$= 16\pi - 4\pi = 12\pi\,(\mathrm{cm}^3)$$

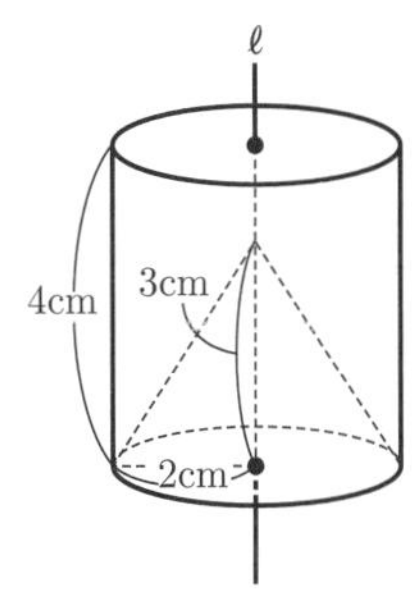

7 立面図が長方形，平面図が円なので，この立体は，円柱である。

8 この立体は円柱で，底面の円の直径が 6cm，高さが 5cm である。よって，底面の円の半径は $6 \div 2 = 3$(cm) より，求める体積は，
$\pi \times 3^2 \times 5 = 45\pi\,(\mathrm{cm}^3)$

どこに注目していいかわからない

本冊 ➡ P.76

1 (1) $6\mathrm{cm}^3$　(2) $\frac{6\sqrt{13}}{7}$ cm

2 (1) 5cm　(2) 7cm

3 $2\sqrt{2}$ cm

4 $\sqrt{61}$ cm

5 $2\sqrt{5}$ cm

6 (1)

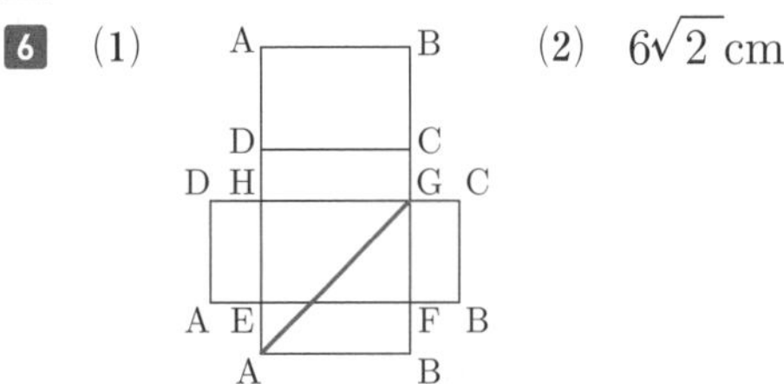

(2) $6\sqrt{2}$ cm

7 (1) $72\mathrm{cm}^3$　(2) $4\sqrt{2}$ cm

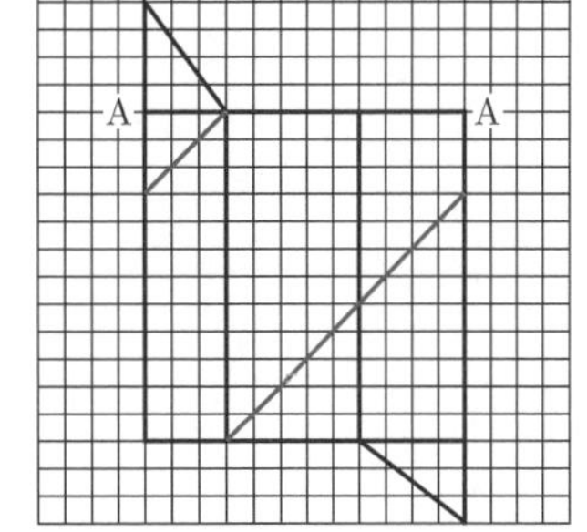

8 (1) 60°　(2) ① ウ　② 6cm

9 $5\sqrt{13}\ \mathrm{cm}^2$

10 (1) 辺 CD，辺 DE　(2) $\sqrt{14}\ \mathrm{cm}^2$

11 (1) $8\mathrm{cm}^2$　(2) $5\mathrm{cm}^2$

(3) $\frac{9}{5}$ cm

12 (1) 4m　(2) $\frac{7\sqrt{3}}{2}\ \mathrm{m}^2$

解説

1 (1)底面が△ **BCD**，高さが **AB** の三角すいと考える。AB = 2cm，BC = 3cm，CD = 6cm より，求める体積は，

$$\frac{1}{3} \times \left(\frac{1}{2} \times 3 \times 6\right) \times 2 = 6\,(\mathrm{cm}^3)$$

(2)△ABCにおいて，三平方の定理より，

$AC = \sqrt{AB^2 + BC^2}$

$= \sqrt{2^2 + 3^2} = \sqrt{13}$ (cm)

△ABC ⊥ CDより，AC ⊥ CD

△ACDにおいて，三平方の定理より，

$AD = \sqrt{AC^2 + CD^2}$

$= \sqrt{(\sqrt{13})^2 + 6^2}$

$= \sqrt{49} = 7$(cm)

ここで，△ACPと△DCPにおいて，

AP = x cmとおくと，DP = $7 - x$(cm)とおける。

三平方の定理より，

$\sqrt{AC^2 - AP^2} = PC$

$\sqrt{CD^2 - DP^2} = PC$

なので，$\sqrt{AC^2 - AP^2} = \sqrt{CD^2 - DP^2}$ より，

$AC^2 - AP^2 = CD^2 - DP^2$ となる。

これを解くと，

$(\sqrt{13})^2 - x^2 = 6^2 - (7 - x)^2$

$13 - x^2 = 36 - 49 + 14x - x^2$

$14x = 26$

$x = \frac{13}{7}$

よって，求める長さは，△ACPにおいて，三平方の定理より，

$PC = \sqrt{AC^2 - AP^2}$

$= \sqrt{(\sqrt{13})^2 - \left(\frac{13}{7}\right)^2}$

$= \sqrt{13 - \frac{169}{49}}$

$= \sqrt{\frac{468}{49}}$

$= \frac{6\sqrt{13}}{7}$(cm)

2 (1) CP = 4cm，CG = 3cmなので，△PGCにおいて，三平方の定理より，

$PG = \sqrt{CP^2 + CG^2}$

$= \sqrt{4^2 + 3^2}$

$= \sqrt{25} = 5$(cm)

四角形PRQGは平行四辺形なので，

PG = RQより，RQ = 5cm

(2)点Qから辺ABに引いた垂線と辺ABとの交点をSとする。△RQSにおいて，

RQ = 5cm，QS = 3cmなので，

三平方の定理より，

$RS = \sqrt{RQ^2 - QS^2}$

$= \sqrt{5^2 - 3^2}$

$= \sqrt{16} = 4$(cm)

FQ = BS = 3cm，RB = RS + BSより，

RB = 4 + 3 = 7(cm)

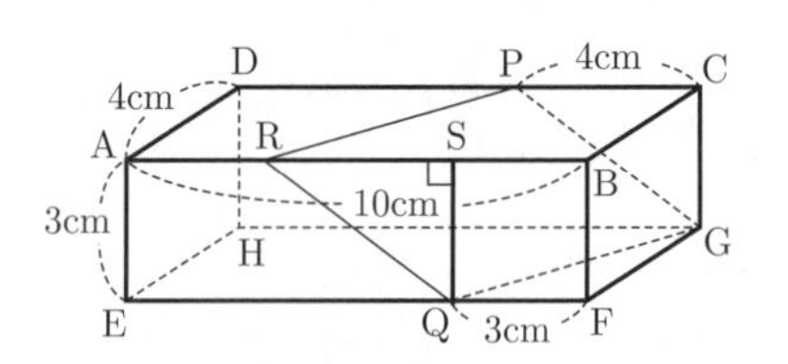

3 △ABCは，AB = BC = 4cm，

∠ABC = 90°の直角二等辺三角形なので，

AB : AC = 1 : $\sqrt{2}$ より，AC = $4\sqrt{2}$ cm

よって，

$AH = 4\sqrt{2} \times \frac{1}{2}$

$= 2\sqrt{2}$ (cm)

△OAHで，∠OHA = 90°，OA = 4cmなので，三平方の定理より，

$OH = \sqrt{OA^2 - AH^2}$

$= \sqrt{4^2 - (2\sqrt{2})^2}$

$= \sqrt{8} = 2\sqrt{2}$ (cm)

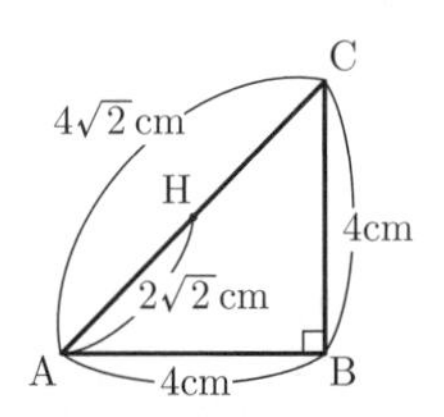

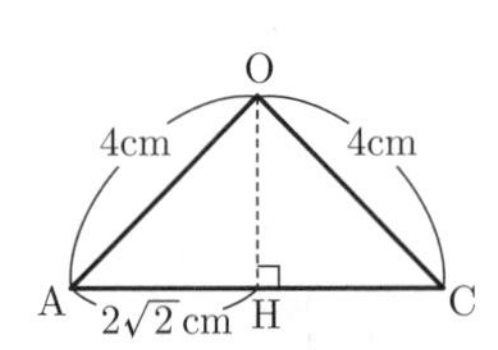

4 △ABCは，AB = 6cm，BC = 8cm，

∠ABC = 90°の直角三角形なので，三平方の定理より，

$AC = \sqrt{AB^2 + BC^2}$

$= \sqrt{6^2 + 8^2}$

$= \sqrt{100} = 10$ (cm)

よって，AG = GC = 5cm

点Gから辺BCに引いた垂線と辺BCとの交点をHとすると，△ABCで平行線と線分の比の関係より，

CG : CA = CH : CB = GH : AB = 1 : 2が成り立つ。したがって，CH = 4cm，GH = 3cmとなる。△BHGにおいて，三平方の定理より，

$BG = \sqrt{BH^2 + GH^2}$
$= \sqrt{(8-4)^2 + 3^2}$
$= \sqrt{25} = 5$(cm)

△EBG は，EB = 6cm，BG = 5cm，∠EBG = 90° の直角三角形なので，三平方の定理より，

$EG = \sqrt{EB^2 + BG^2}$
$= \sqrt{6^2 + 5^2}$
$= \sqrt{61}$ (cm)

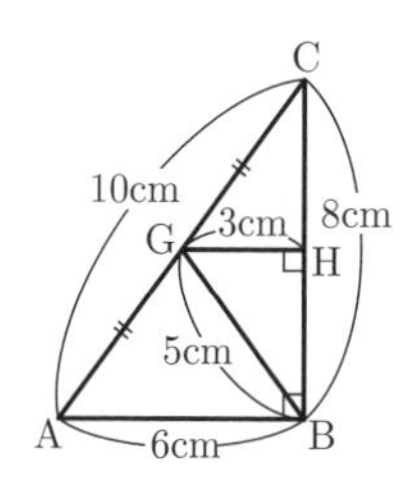

5 点 A から辺 BC の延長線に引いた垂線と辺 BC の延長線の交点を K とすると，△AKB は∠**AKB = 90°**，∠**ABK = 60°**，**AB = 2cm** の直角三角形である。よって，

$AK = \sqrt{3}$ cm，BK = 1cm となる。

△AKC において，三平方の定理より，

$AC = \sqrt{AK^2 + KC^2}$
$= \sqrt{(\sqrt{3})^2 + (1+3)^2}$
$= \sqrt{19}$ (cm)

△ACI において，三平方の定理より，

$CI = \sqrt{AI^2 + AC^2}$
$= \sqrt{1^2 + (\sqrt{19})^2}$
$= \sqrt{20} = 2\sqrt{5}$ (cm)

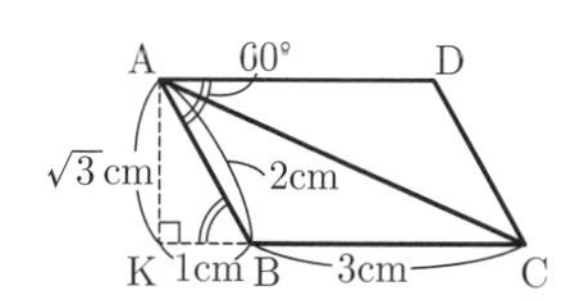

6 (1) 黒いひもの長さが最も短くなるのは，点 A，P，G が一直線になったときである。黒いひもは辺 EF と交わるようにかけるので，面 EFGH と面 EABF の点 **A** と点 **G** を結べばよい。

(2) 黒いひもの長さは，図の線分 AG の長さになるので，三平方の定理より，

$AG = \sqrt{AB^2 + BG^2}$
$= \sqrt{6^2 + (2+4)^2}$
$= \sqrt{72} = 6\sqrt{2}$ (cm)

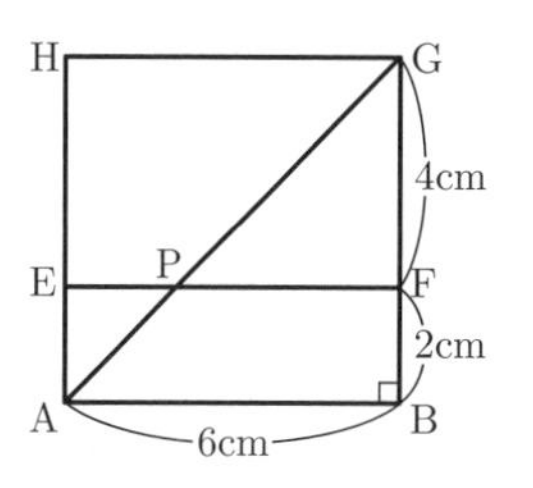

7 (1) △ABC において，三平方の定理より，

$AC = \sqrt{BC^2 - AB^2}$
$= \sqrt{5^2 - 3^2}$
$= \sqrt{16} = 4$ (cm)

よって，この三角柱の体積は，

$\frac{1}{2} \times 3 \times 4 \times 12 = 72$(cm^3)

(2) 展開図上に，頂点の記号をつけると，次の図のようになる。

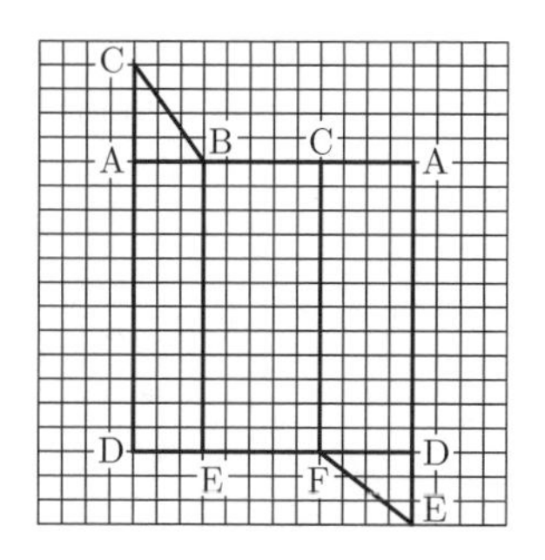

立体の面を通ってひもをかけるとき，ひもが最も短くなるのは展開図上で端の 2 点を直線で結んだときだから，次の図のように，直線で結べるような展開図を考える。

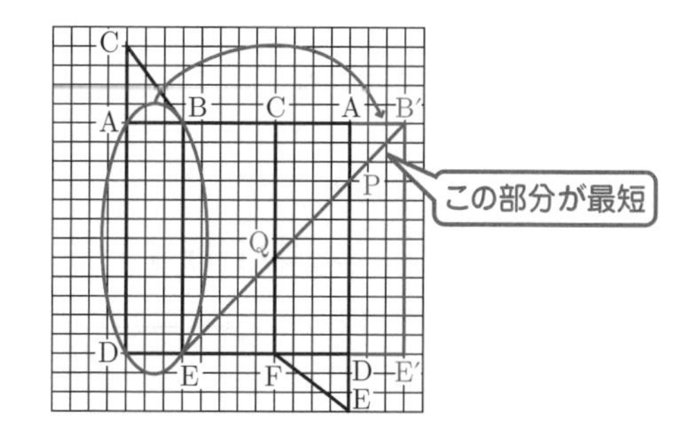

したがって，問題の展開図上に実線をかき込むと，解答の図のようになる。

上の図で，B′E′ = 12cm，EF + FD + DE′ = 5 + 4 + 3 = 12(cm) より，∠B′EE′ = 45° となる。したがって，PQ の長さは，上の図より，1 辺が 4cm である正方形の対角線の長さに等しくなるので，$4 \times \sqrt{2} = 4\sqrt{2}$ (cm)

8 (1)底面の円Oの円周の長さは，
$2\pi \times 1 = 2\pi$ (cm)，側面のおうぎ形は，点Pを中心とする円の一部で，点Pを中心とする円の円周の長さは，$2\pi \times 6 = 12\pi$ (cm) となる。底面の円の円周の長さと，側面のおうぎ形の弧の長さが等しいので，側面のおうぎ形は，点Pを中心とする円の，$\frac{2\pi}{12\pi} = \frac{1}{6}$ であることがわかる。
よって，側面のおうぎ形の中心角の大きさは，
$360° \times \frac{1}{6} = 60°$ である。
(2)①糸の長さが最も短くなるのは，点Aと点A′を直線で結んだときである。
②図の△PAA′において，PA = PA′ = 6cm，∠APA′ = 60°なので，△PAA′は正三角形になる。よって，辺AA′の長さは6cmである。

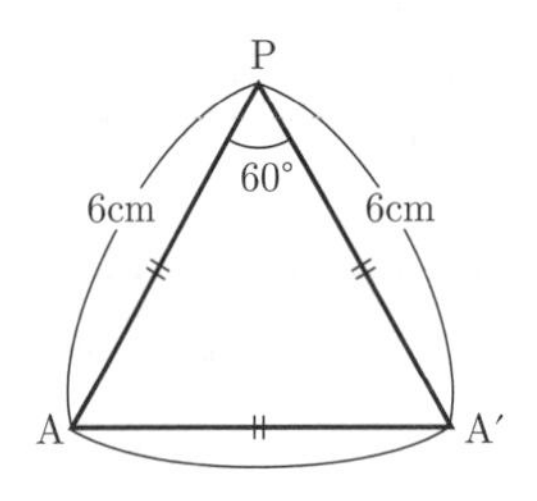

9 ∠DEF = 90°なので，
DE⊥EFである。よって，△DEFの面積は，
$\frac{1}{2} \times EF \times DE$ で求められる。
・EFの長さを求める。
問題文より，EF = AB = 5cmである。
・DEの長さを求める。
辺DEを含む面AEHDに注目する。

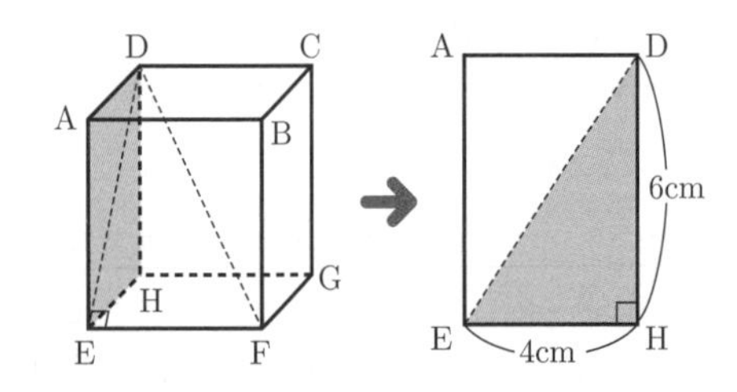

△DEHで，三平方の定理より，
$DE = \sqrt{EH^2 + DH^2}$
$= \sqrt{4^2 + 6^2}$
$= \sqrt{52} = 2\sqrt{13}$ (cm)

以上より，△DEFの面積は，
$\frac{1}{2} \times EF \times DE = \frac{1}{2} \times 5 \times 2\sqrt{13}$
$= 5\sqrt{13}$ (cm^2)

10 (1)辺ABが含まれる面ABC，ABE，ABD上にない辺である，CD，DEが辺ABとねじれの位置にある辺である。
(2)頂点Aから面BCDEに垂線AHを引いて考える。このとき，△ABDの面積は，
$\frac{1}{2} \times BD \times AH$ で求められる。
・BDの長さを求める。
辺BDを含む面BCDEに注目する。

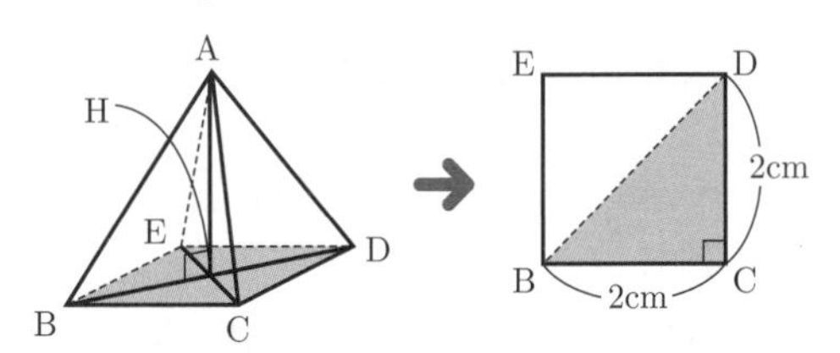

△BCDで，三平方の定理より，
$BD = \sqrt{BC^2 + CD^2}$
$= \sqrt{2^2 + 2^2}$
$= \sqrt{8} = 2\sqrt{2}$ (cm)
・AHの長さを求める。
線分AHを含む面ABDに注目する。

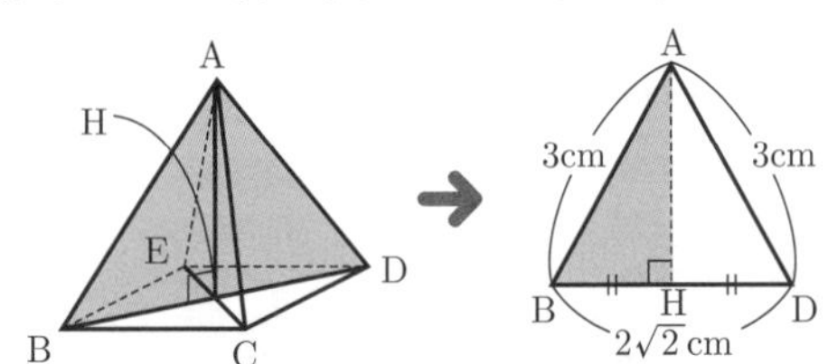

△ABDは，AB = AD = 3cmの二等辺三角形なので，$BH = DH = \frac{1}{2}BD$ である。

よって，$BH = \frac{1}{2} \times 2\sqrt{2} = \sqrt{2}$ (cm)
ここで，△ABHで，三平方の定理より，
$AH = \sqrt{AB^2 - BH^2}$
$= \sqrt{3^2 - (\sqrt{2})^2} = \sqrt{7}$ (cm)
以上より，△ABDの面積は，
$\frac{1}{2} \times BD \times AH = \frac{1}{2} \times 2\sqrt{2} \times \sqrt{7}$
$= \sqrt{14}$ (cm^2)

11 三角すいABCDの体積が8cm^{3}なので，

$\frac{1}{3}\times\frac{1}{2}\times 3\times 4\times AB = 8$

$2AB = 8$

$AB = 4$(cm)

となることがわかる。

(1)辺ABと面BCDが垂直なので，△ABPの面積は，$\frac{1}{2}\times$ **BP × AB**で求められる。

ここで，ABの長さが決まっているので，△ABPの面積が最も大きくなるのは，BPが最も長くなる，BP = BD = 4cmのときである。したがって，求める面積は，

$\frac{1}{2}\times 4\times 4 = 8$(cm^2)

(2)点Pが辺CDの中点であるときのBPの長さについて，**BPが含まれる面BCDに注目して考える。**

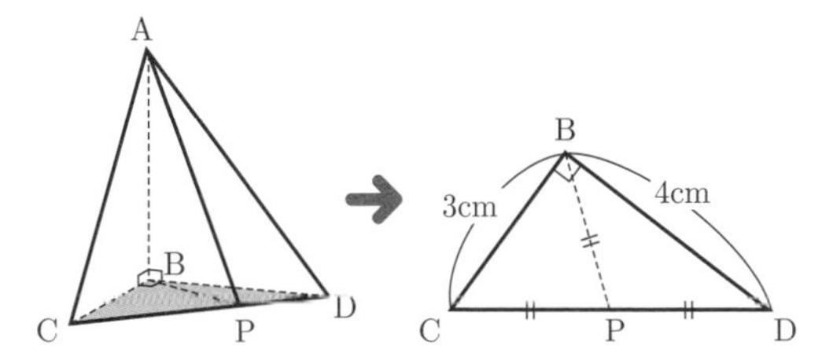

∠CBD = 90°だから，辺CDは3点B，C，Dを通る円の直径で，点Pはこの円の中心だから，BP = CP = PD

よって，**BP =** $\frac{1}{2}$ **CD**である。

△BCDで，三平方の定理より，

$CD = \sqrt{BC^2 + BD^2}$

$= \sqrt{3^2 + 4^2}$

$= \sqrt{25} = 5$(cm)

よって，BP $= \frac{1}{2}\times 5 = \frac{5}{2}$(cm)

したがって，求める△ABPの面積は，

$\frac{1}{2}\times\frac{5}{2}\times 4 = 5$(cm^2)

(3)△ABPの面積が最も小さくなるのは，BPが最も短くなるときだから，BP ⊥ CDとなるときである。△BCDに注目して考える。

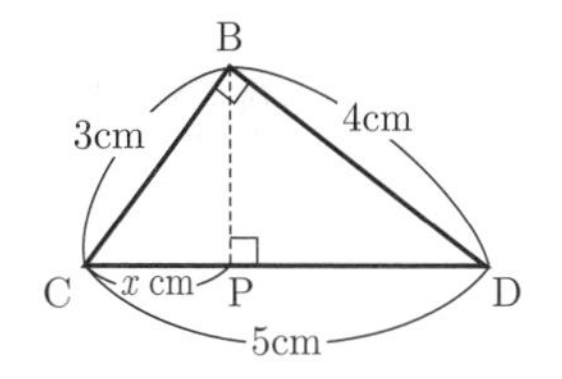

ここで，∠CBD = ∠CPB，∠BCD = ∠PCBより，△BCD ∽△PCBだから，

BC : PC = CD : CB

CP = $x$cmとすると，

$3 : x = 5 : 3$

$x = \frac{9}{5}$

よって，CP $= \frac{9}{5}$ cm

12 (1)△PQFに注目する。

PQ//DCより，PQ : DC = QF : CFであり，DC = 1m, QF = QC + CF = 6 + 2 = 8(m)，CF = 2mなので，

PQ : 1 = 8 : 2，PQ = 4m

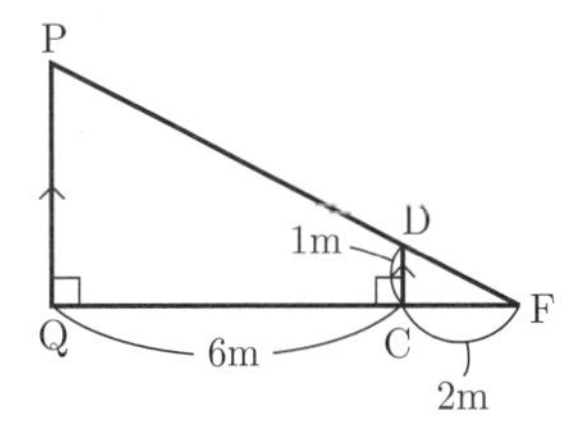

(2)△QEFに注目する。

CB//FEより，

CB : FE = QC : QF = 6 : 8 = 3 : 4

よって，CB = AD = 3mなので，FE = 4m

△QEFにおいて，∠QEF = 90°なので，三平方の定理より，

$QE = \sqrt{QF^2 - FE^2}$

$= \sqrt{8^2 - 4^2} = \sqrt{48} = 4\sqrt{3}$(m)

ここで，QB : QE = 3 : 4より，

$QB = 4\sqrt{3}\times\frac{3}{4} = 3\sqrt{3}$(m)

よって，$BE = QE - QB$

$= 4\sqrt{3} - 3\sqrt{3} = \sqrt{3}$(m)

以上より，台形BEFCの面積は，

$\frac{1}{2}\times(3 + 4)\times\sqrt{3} = \frac{7\sqrt{3}}{2}$(m^2)

公式に持ち込めない

本冊 ➡ P.86

1 $54cm^3$

2 (1) 2つ　(2) $96cm^2$
(3) $4\sqrt{2}$ cm
(4) ① $2cm^2$　② $\frac{8}{3}cm^3$

3 (1) 4本　(2) $94cm^2$
(3) $30cm^3$　(4) $25cm^2$
(5) $\frac{40}{3}cm^3$

4 (1) 120°　(2) $24cm^3$

解説

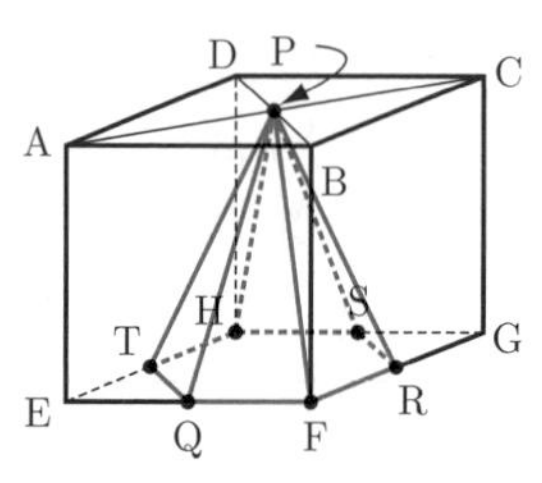

1 できる六角すいは，右の図のような立体である。六角形**QFRSHT**は，正方形**EFGH**から，直角二等辺三角形である，△**EQT**と△**GRS**を取り除いた図形である。よって，その面積は，

$6 \times 6 - \frac{1}{2} \times 3 \times 3 \times 2 = 27(cm^2)$

高さは6cmなので，体積は，

$\frac{1}{3} \times 27 \times 6 = 54(cm^3)$

2 (1)辺ADと平行な面は，面BFGC，面EFGHの2つである。

(2)面1つの面積は4×4，面の数は6つなので，$4 \times 4 \times 6 = 96(cm^2)$

(3)△**AEF**は，∠**AEF＝90°**，
AE＝EF＝4cmの直角二等辺三角形なので，
$AF = \sqrt{2}AE = \sqrt{2} \times 4 = 4\sqrt{2}$ (cm)

(4)①面ABCDを取り出して考える。

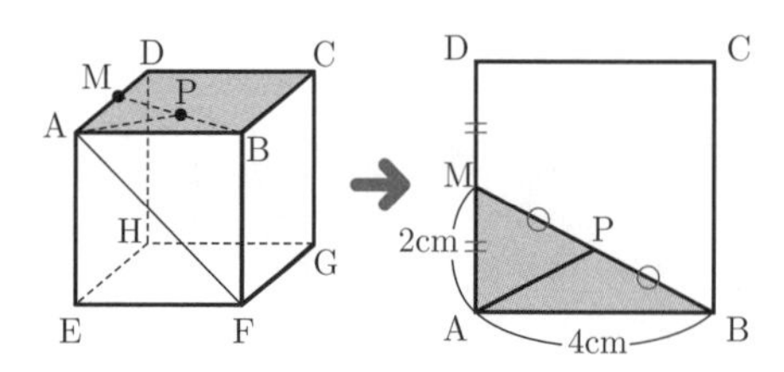

△AMPと△ABPにおいて，それぞれの底辺をMP，BPとみると，高さが等しいので，△AMPと△ABPの面積比は，MP：BPとなり，

MP＝BPより，$\triangle AMP = \frac{1}{2}\triangle ABM$となる。

よって，求める面積は，

$\frac{1}{2} \times \frac{1}{2} \times 4 \times 2 = 2(cm^2)$

②できる三角すいは，底面を△**AMP**とみると，高さは**AE＝4cm**と等しくなる。よって，求める体積は，

$\frac{1}{3} \times 2 \times 4 = \frac{8}{3}(cm^3)$

3 (1)辺ADとねじれの位置にある辺は，BF，CG，EF，GHの4本である。

(2) $4 \times 5 \times 2 + 3 \times 5 \times 2 + 4 \times 3 \times 2 = 94(cm^2)$

(3)底面を△**AED**とみると，高さは**AB＝5cm**となる。よって，求める体積は，

$\frac{1}{2} \times 4 \times 3 \times 5 = 30(cm^3)$

(4)△AEDにおいて，三平方の定理より，
DE＝5cm
四角形CDEFは正方形なので，求める面積は，
$5 \times 5 = 25(cm^2)$

(5)底面を四角形**CDEF**とみると，
面**AEHD**⊥面**CDEF**より，点**P**から辺**DE**におろした垂線**PQ**が高さとなる。

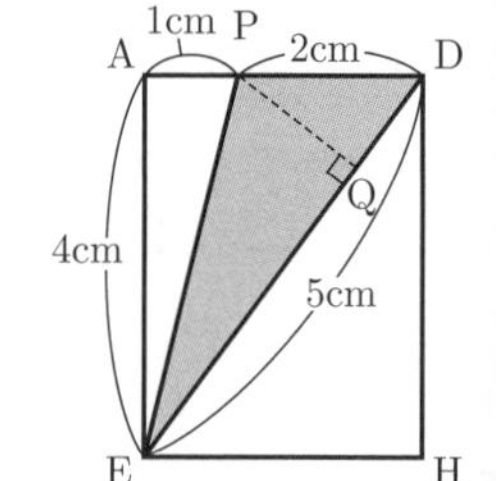

ここで，△DEPの面積は，

$\frac{1}{2} \times 2 \times 4 = 4(cm^2)$

△DEPの底辺をDE＝5cmとみると，

$\frac{1}{2} \times 5 \times PQ = 4$が成り立つ。これを解くと，

$PQ = \frac{8}{5}$ cm

よって，四角すいPCDEFの体積は，

$\frac{1}{3} \times 25 \times \frac{8}{5} = \frac{40}{3}(\text{cm}^3)$

4 (1) AB = BC = CA より，△ABC は正三角形である。
$\overset{\frown}{BC}$ に対する円周角が∠BAC = 60° なので，同じ弧の中心角である∠BOC は，
60° × 2 = 120°
(2) PM ⊥△ABC より，底面は△ABC，高さは PM となる。
・底面積を求める。
△COM において，

$\angle COM = \frac{1}{2}\angle COB = \frac{1}{2} \times 120° = 60°$,

∠CMO = 90° より，
OM：OC：CM = 1：2：$\sqrt{3}$ である。よって，

$OM = \frac{1}{2}OC = \frac{1}{2} \times 4 = 2(\text{cm})$ であり，

点 O は線分 AM 上にあるので，
AM = AO + OM = 4 + 2 = 6(cm)

また，$CM = \frac{\sqrt{3}}{2}OC = \frac{\sqrt{3}}{2} \times 4 = 2\sqrt{3}\ (\text{cm})$

なので，BC = 2CM = $4\sqrt{3}$ (cm)
以上より，△ABC の面積は，

$$\frac{1}{2} \times BC \times AM = \frac{1}{2} \times 4\sqrt{3} \times 6 = 12\sqrt{3}\ (\text{cm}^2)$$

・高さを求める。
△POM において，∠PMO = 90°，
OP = 4cm，OM = 2cm なので，三平方の定理より，
PM = $2\sqrt{3}$ cm

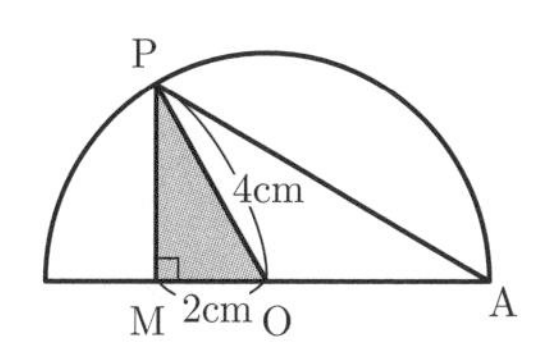

したがって，求める体積は，

$\frac{1}{3} \times 12\sqrt{3} \times 2\sqrt{3} = 24(\text{cm}^3)$

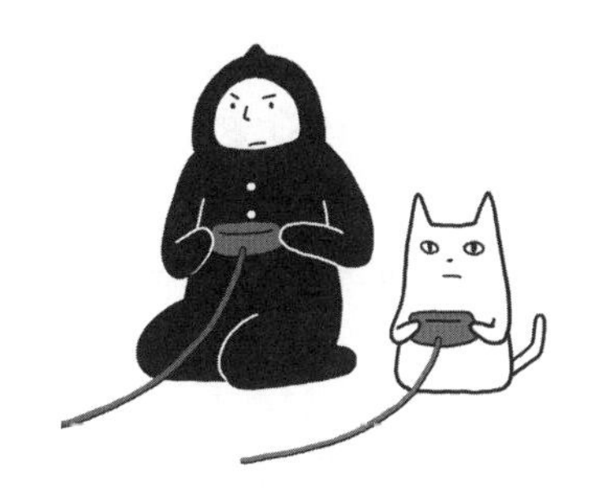

データ・確率編

言葉が難しい！

本冊➡P.89

1 (1) 6人
(2) 正しくない
(理由)ヒストグラムより，15分未満の3年生が26人であることがわかるので，通学時間の短い方から人数を数えて25番目以内には入らない。

2 $x = 0.06$，$y = 0.12$

解説

1 (1)ヒストグラムから，通学時間が30分以上35分未満の人数は4人，35分以上40分未満の人数は2人だから，30分以上の人数は，
$4 + 2 = 6$(人)
(2)ヒストグラムから，通学時間が15分未満の人数は，
$3 + 7 + 16 = 26$(人)
これより，通学時間が短い方から数えて**25**番目の人は，通学時間が**15**分未満であることがわかる。太一さんの通学時間は16分なので，太一さんは通学時間が短い方から数えて25番目以内には入らない。

2 相対度数は，$\dfrac{(\text{ある階級の度数})}{(\text{度数の合計})}$で求められる。
・xの値を求める。
6m以上9m未満の階級の相対度数である。度数は，ヒストグラムより3人とわかるので，
$x = \dfrac{3}{50} = 0.06$
・yの値を求める。
24m以上27m未満の階級の相対度数である。度数は，ヒストグラムより6人なので，
$y = \dfrac{6}{50} = 0.12$

箱ひげ図って何？

本冊➡P.91

1 (Ⅰ) イ (Ⅱ) ア (Ⅲ)ウ

2 イ，オ

解説

1 (Ⅰ) 四分位範囲が最も大きいのはC組であるから正しくない。
(Ⅱ) 中央値は，借りた本の冊数が少ない順に並べ，A組とB組は**18**番目の値，C組とD組は17番目と18番目の平均値となる。A組とC組の中央値は20冊より大きいから，借りた本の冊数が20冊以下の生徒は**17**人以下である。また，B組の中央値は20冊より小さいから，借りた本の冊数が20冊以下の生徒は**18**人以上である。よって，正しい。
(Ⅲ) B組の第3四分位数が30冊より少なく，最大値が35冊より多いので，B組の中に，借りた本の冊数が30冊以上35冊以下の生徒がいたかどうかはわからない。また，A組の最大値は30冊以上35冊以下であるから，そのような生徒はいる。また，C組の第3四分位数が30冊以上35冊以下なので，借りた本の冊数が少ない順に並べ，**26**番目の生徒の借りた本の冊数は30冊以上35冊以下であることがわかる。
よって，この資料からはわからない。

2 ア…この箱ひげ図からは，平均値はわからない。
イ…第1四分位数も第3四分位数もE農園が一番大きいので，正しい。
ウ…D農園とE農園はともに中央値は34gより軽く，第3四分位数は34gより重い。よって，どちらの方が34g以上のいちごの個数が多いかわからない。
エ…四分位範囲は，C農園が$29 - 23 = 6$(g)，D農園が$35 - 27 = 8$(g)，E農園が$36 - 29 = 7$(g)で，D農園が一番大きいので，誤り。
オ…C農園の第3四分位数は30gより軽いから，重さが30g以上のいちごの個数

は100個以下である。また，D農園，E農園の中央値が30gより重いから，重さが30g以上のいちごの個数は200個以上である。よって，D農園，E農園はともに，C農園の2倍以上であり正しい。

以上より，正しいものはイ，オ

考え方がわからない

本冊➡P.94

1 $\frac{7}{36}$　**2** $\frac{1}{3}$　**3** $\frac{1}{3}$　**4** $\frac{2}{5}$

5 $\frac{3}{5}$　**6** (1) $\frac{2}{5}$　(2) $\frac{11}{15}$

解説

1 2つのさいころの目の出方と2つの積を表にまとめて，出る目の数の積が12の倍数になるのが何通りか数える。よって，求める確率は，$\frac{7}{36}$

	1	2	3	4	5	6
1	1	2	3	4	5	6
2	2	4	6	8	10	12
3	3	6	9	12	15	18
4	4	8	12	16	20	24
5	5	10	15	20	25	30
6	6	12	18	24	30	36

2 $\frac{12}{a+b}$が整数になるのは，$a+b$が12の約数であるときである。大小2つのさいころの目の出方と2つの和を次のように表にまとめる。

$a+b$が12の約数になるのは，12通りだから，求める確率は，$\frac{12}{36}=\frac{1}{3}$

a＼b	1	2	3	4	5	6
1	2	3	4	5	6	7
2	3	4	5	6	7	8
3	4	5	6	7	8	9
4	5	6	7	8	9	10
5	6	7	8	9	10	11
6	7	8	9	10	11	12

3 同時に2個の玉を取り出すので，組み合わせで考える。

赤玉2個をR_1，R_2，白玉1個をW，青玉1個をBとして樹形図をかく。

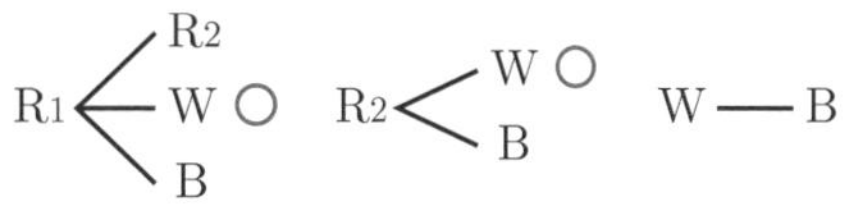

R_1 ― R_2 / W ○ / B　　R_2 ― W ○ / B　　W ― B

全部で6通りのうち，赤玉と白玉を1個ずつ取り出すのは○をつけた2通りだから，

求める確率は，$\frac{2}{6}=\frac{1}{3}$

4 赤玉3個をR_1, R_2, R_3，白玉3個をW_1, W_2, W_3として組み合わせを樹形図でかく。

R_1 ― R_2 ○ / R_3 ○ / W_1 / W_2 / W_3　　R_2 ― R_3 ○ / W_1 / W_2 / W_3　　R_3 ― W_1 / W_2 / W_3

W_1 ― W_2 □ / W_3 □　　W_2 ― W_3 □

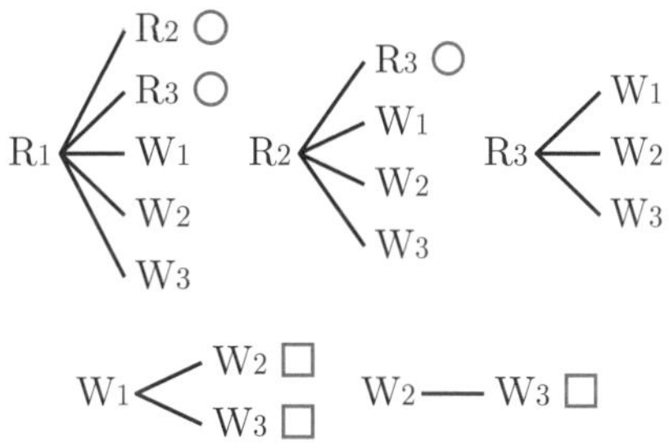

全部で15通りのうち，2個とも赤玉の場合は○をつけた3通り，2個とも白玉の場合は□をつけた3通りである。

よって，2個とも同じ色の玉を取り出す場合は，

$3+3=6$(通り)

求める確率は，$\frac{6}{15}=\frac{2}{5}$

5 5人から2人を選ぶ組み合わせを樹形図でかく。

A ― B / C / D ○ / E ○　　B ― C / D ○ / E ○　　C ― D ○ / E ○　　D ― E

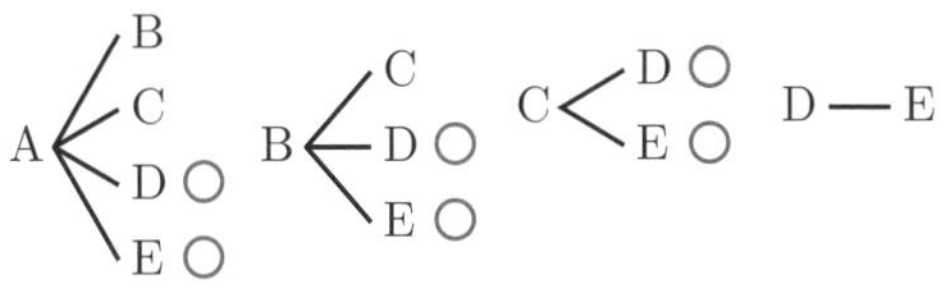

全部で10通りのうち，女子1人，男子1人を選ぶ場合は○をつけた6通りだから，求める確率は，$\frac{6}{10}=\frac{3}{5}$

6 取り出した2個の玉の組み合わせを樹形図でかく。

1 — 2, 3, 4, 5, 6　　2 — 3, 4, 5, 6　　3 — 4, 5, 6　　4 — 5, 6　　5 — 6

(1)全部で15通りのうち，2個とも白玉の場合は，(1，2)，(1，3)，(1，4)，(2，3)，(2，4)，(3，4)の6通りだから，求める確率は，$\frac{6}{15}=\frac{2}{5}$

(2)全部で15通りのうち，取り出した玉の数の和が6以上になる場合は，(1，5)，(1，6)，(2，4)，(2，5)，(2，6)，(3，4)，(3，5)，(3，6)，(4，5)，(4，6)，(5，6)の11通り。

よって，求める確率は，$\frac{11}{15}$